最高の住まいをつくる「間取り」の教科書

最理想の

住宅格局教科書

日本首席建築師
佐川旭◎著
駱香雅◎譯

「生活動線」
決定你與家人
の關係

前言
自己動手，打造舒適好宅！

人建造家，而家也形塑人，家不僅串起家人間的緊密關係，也會深深影響居住者的性格。房子一旦建造完成，我們就得在裡面生活數十年之久，所以對於住宅的格局設計，除了功能齊全、堅固耐久以外，當然也要求舒適感囉！

然而，打造舒適的居住空間，可不只是單純地滿足全家人的需要，房屋的整體格局及隔間設計，也必須符合日常生活的各項需求才行。舉例而言，**住宅設計必須兼顧生活動線的機能性，考量四季變化等自然因素，使生活機能與空間氛圍取得平衡**，透過整體的空間設計，追求心靈的安定祥和。

住宅是每個家庭的私有空間，但每當談到設計、建造時，卻很容易流於表面理論。因此，我會在第一章特別介紹建築用語和基本概念，幫助各位讀者在打造自家住宅前，先做好必要的心態調整。

本書將以醒目的標題及各種插圖輔助說明，希望能成為各位規劃住宅格局的參考手冊，因為本書內容不只是表面資訊，而是我在許多工地現場的實際經驗及體會。

從開始從事這份工作至今，我已經累積了相當豐富的實務經驗，而這些實際經驗與深刻體會，也成為自信的基礎，現在的我對於住宅建築的基本概念，已經不像年輕時那麼迷惘困惑了。

本書介紹的各種觀念與提案，都是我多年來的經驗與收穫，如果能對打算建造自宅的各位有所幫助，這將是我無比的榮幸。

佐川旭

contents

第2章 規劃住宅周邊環境，讓回家成為幸福的起點

第3章

從室內空間規劃中，找到「家的味道」

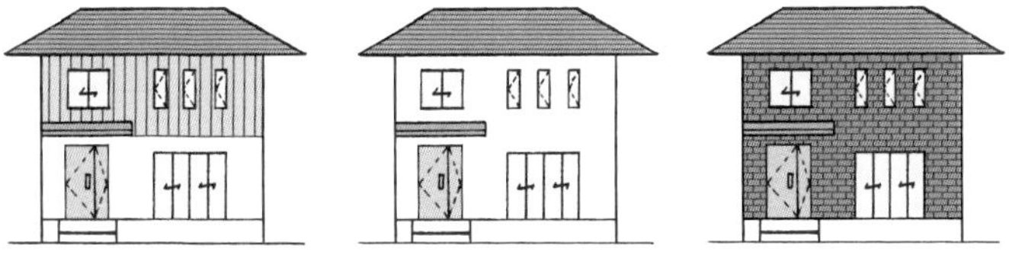

第5章 事先做好防範措施，安心遠離居家危險

第6章 了解住宅細部規劃，打造設計師精緻家

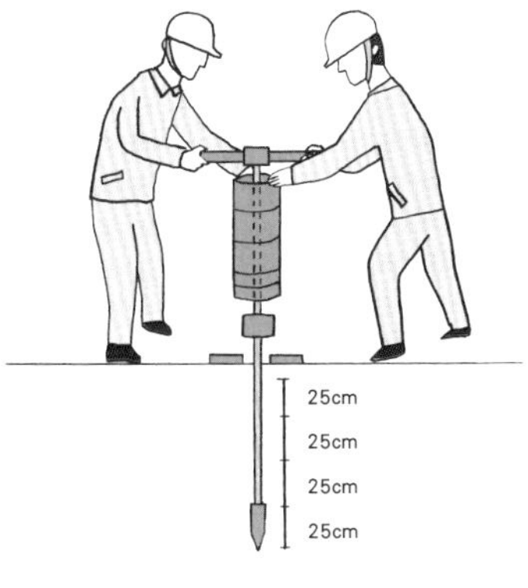

附錄

向日本人學「細膩」，建立更有溫度的幸福家

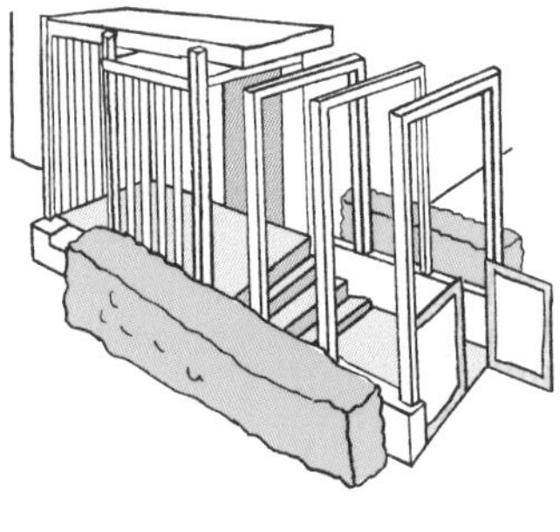

第1章 打造「理想家」，你該有的心理準備

思考住宅「格局」之前，
應該做好什麼心理準備？
「何謂格局？」、「該如何規劃？」
本章將為各位一一解惑。

心理準備● **在思考格局之前**

重新審視你的「家庭結構」，單身小宅，還是兩人小家庭？

五種最常見的「新家庭結構」

★單身家庭

▲一個人用餐，沒有說話的對象，吃飯時總是一邊看報紙、電視。

★個人化家庭

▲家人間鮮少互動，彼此沒有對話，用餐各吃各的。

★和樂型家庭

◀親子間關係就像朋友般友好，一家和樂融融。

★契約型家庭

▲訂定契約暫時寄宿，即使沒血緣關係也能同住。

★類大家庭

▲與有血緣的親戚同住，彼此扶持。

打造幸福好宅之前，先檢視自己的「人生觀」

所謂的「家庭關係」，其實也可以說是「一起用餐」的關係。和家人一起吃飯，可以分享彼此的想法、學習生活禮儀、加深親子關係。

在過去，「大家庭」是最主要的家庭型態，每位家庭成員都擔負著不同的功能，**透過各自扮演的角色產生自我認同，同時也培養家庭的共同意識與親情羈絆**。

近年來，許多過去難以想像的社會事件接連發生，各種問題也相繼浮出檯面。有些人認為，這些社會事件背後的遠因，就是家庭關係的日漸薄弱，及鄰里關係的日益疏遠。現代人的家庭型態逐漸轉變為「核心家庭」

建立家庭的「共同意識」

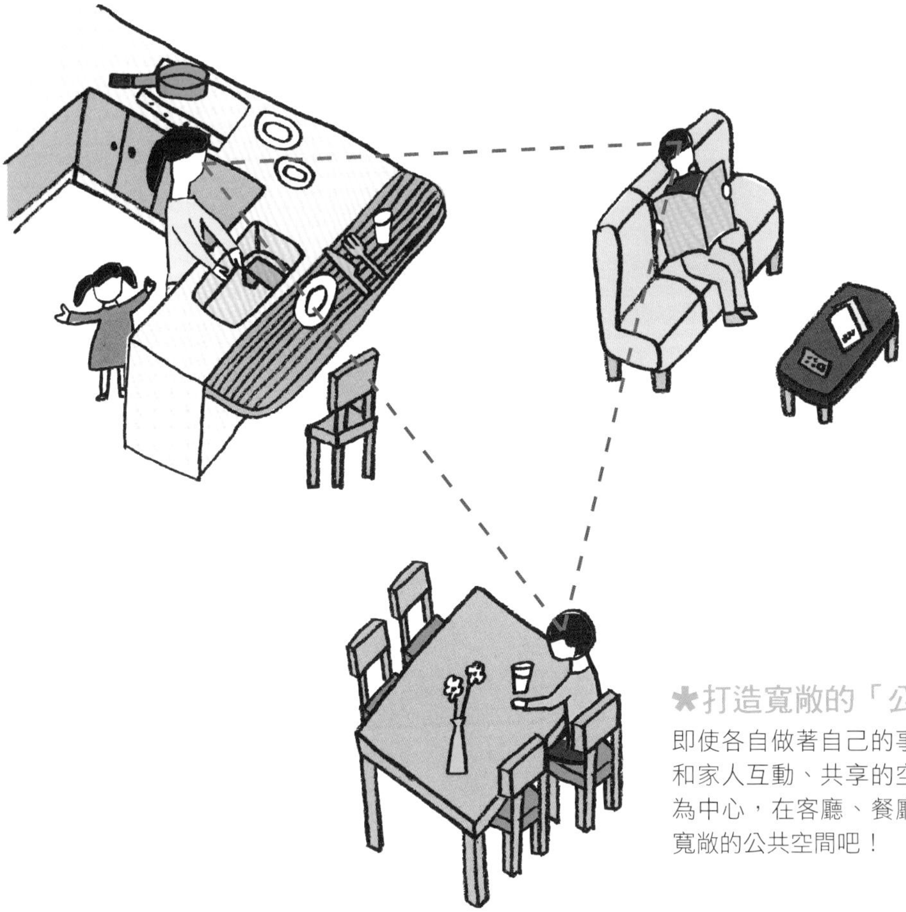

★打造寬敞的「公共空間」

即使各自做著自己的事，也要保有和家人互動、共享的空間。以廚房為中心，在客廳、餐廳之間架構出寬敞的公共空間吧！

（又稱小家庭），然而在此同時，被社會孤立的人數也在持續增加。

有鑑於此，**我們必須從現在開始，重新探索家庭及鄰里關係的未來樣貌，因為住宅會深深影響家庭關係以及居住者的人格形成**。人建造住宅，而住宅也是創造生命、形塑人格的地方。

未來的生活型態或許會面臨更多變化。目前的家庭型態當中，常見的型態包括：寄宿家庭（Home stay），也就是暫時將孩子委由他人照顧的「契約型家庭」，與父母同住的「折衷家庭」。然而，就如同前面所說的，家庭的樣貌仍持續變化中，未來或許還會出現與叔叔、嬸嬸、外甥、姪子等親戚同住的「類大家庭」也說不一定。

建造自家住宅正是體現自我的生活方式，因此，在著手規劃格局之前，請先重新審視自己的人生觀，確認清楚後再開始規劃吧！

心理準備● 「稱呼」會決定住宅的品質

「商品」、「作品」、「物件」，你想給家什麼名字？

委託型態不同，稱呼也會隨之改變

商品

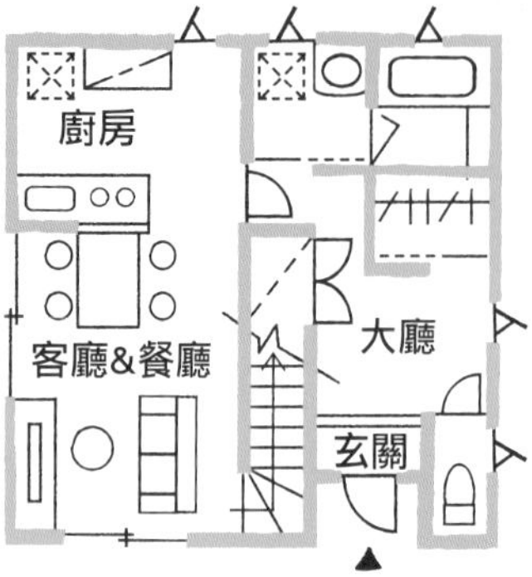

★對建設公司而言，住宅是「商品」

「商品」一詞帶有買賣交易的意思。通常會有許多樣品屋可供參考，好處是容易想像未來的居住環境。

住宅有「三大來源」，你選哪一種？

住宅的來源，主要可分為3種：

❶設計及後續施工全部委由建設公司負責。

❷由建築師設計，工程的部分則由營造公司承包，或是設計及施工均委由營造公司負責。

❸請房屋仲介公司介紹已完工的新成屋或中古屋。

選擇第一種方式的人，通常會到售屋接待中心參考樣品屋，也就是「商品」的實際樣本，在從樣品屋中選購自己喜歡的住宅。雖然實際完工的房屋與接待中心的樣品屋會有些落

物件

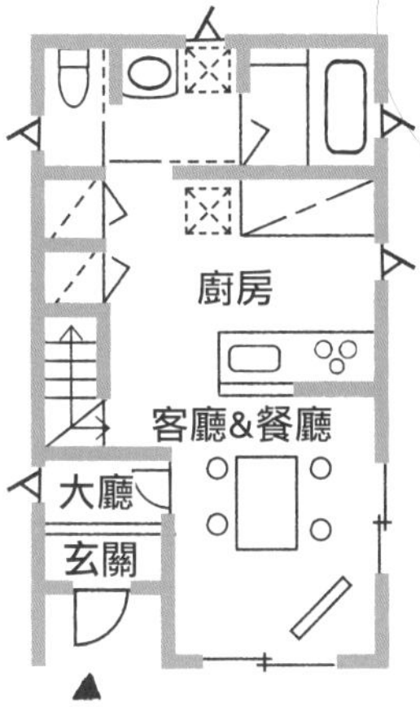

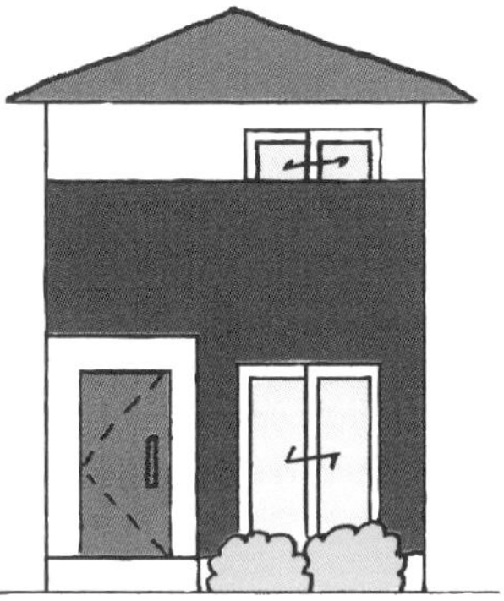

作品

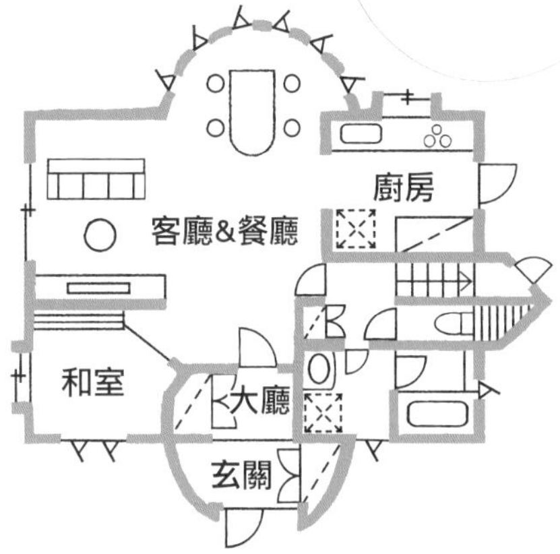

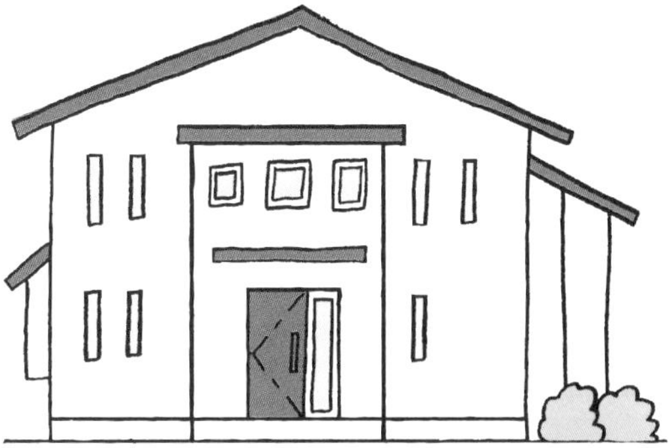

★對房仲公司而言，住宅是「物件」

「物件」是個定義模糊的詞彙，不管是動產，還是屬於不動產的土地、建物都可以使用。

★對建築師而言，住宅是「作品」

由設計師打造而成，個性十足、充滿創意。不過住宅並不是藝術品，必須注重協調感。

差，但是透過樣品屋能事先了解完工後的狀態，最後的成屋與當初的想像也不會有過大的差異。

至於選擇由建築師設計的人，則多半希望擁有個性化的生活，只是在尚未完工之前，居住起來是否舒適就無從得知了。然而，住宅的舒適性或許就是受到這些無法掌握的部分所影響，更何況建材的質感或顏色、日照方向等相關細節，都不是用三言兩語就能完整說明的。

第三種方式也就是委託房屋產仲介公司提供現成的房屋。房屋是不動產交易的主要項目之一，在談論居住舒適感等細節之前，房屋就只是一個交易「物件」。

建設公司將住宅視為「商品」、對建築師而言，住宅是他的「作品」，而房屋仲介公司則是將住宅視為「物件」。**以不同方式所取得的住宅，稱呼也會有所不同，而我認為對住宅的稱呼，也會反映出自己對於住宅的看法。**

心理準備● **將家人放進設計圖中**

家人紛紛提出需求，空間不夠用，該怎麼辦？

如何避免家人的「空間爭奪戰」？

★答案就在「日常生活」中

如果不聽取家人的意見及需求，建造完成後就會產生各種問題。一百個家庭有一百種格局，不妨就從生活中尋找理想答案吧！

決定順序再做取捨，打造一家人的幸福空間

「舊家的東西太多、空間太小！新蓋的房子一定要寬敞舒適！」

「客廳最少要六坪、一樓和二樓都要有廁所、收納空間越多越好。」

好不容易有機會蓋新房子，大家一定都想解決對現有生活的不滿，期待擁有更舒適的生活空間吧！但新房子的總面積不一定能滿足全家大小對空間的期望，如此一來，勢必要檢視哪些部分是無謂浪費，或是減少客廳面積、廁所數量，透過各種方法來削減空間，以符合實際需求。說起來還真的是一場「空間保衛戰」呢！

首先，**必須確定要「三房兩廳」還是「四房兩廳」，也就是先決定客**

廳、廚房、餐廳等共同生活空間，再搭配房間數。確定主要格局之後，大多數的煩惱就迎刃而解了！

客製化住宅就是從無到有打造一個世界唯一的房子，因此家人會期待擁有寬敞舒適的居住空間，也是無可厚非的事。只是該如何規劃適合全家人的住宅格局呢？

不妨想像一下日常生活的景象，再來思考如何規劃空間以符合生活需求吧！例如，以人數來規劃玄關收納空間的大小、還在幼齡階段的孩子，讀書區可以靠近餐桌等等，居家空間的配置涵蓋了許多生活的小細節。

不僅要思考主要空間，也思考生活小細節，從全家大小最重視的部分開始排列優先順序，就能打造出適合全家人的居家格局。

如果超過實際面積或是因成本考量而無法實行，就從優先程度較低的部分開始刪除，利用這個方式反覆討論即可。

「線條」不只是記號，更是格局的重要基礎

以「一條線」，連結空間與情誼

★以線條呈現肅穆感的和式壁龕

在用來接待訪客的和室中，以垂直及水平線條所構成的「壁龕」，呈現出略帶肅穆緊張的空間感。

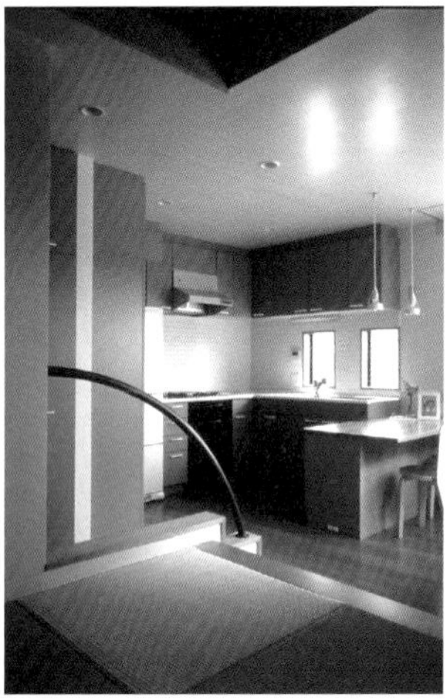

★客廳與廚房的地面高低差

以線條標示地面高低差，同時也畫出家人間的「溝通之線」。

理解線條背後的意義，展現「居家生命力」

「隔間」是日式建築的特色之一，以拉門、格子門或紙門等，分隔柱子與柱子間的空間，藉由門窗連接室外與室內的空間，也將四季自然變化的景色引入室內，要說日式建築的美感，正是門窗所交織出優美的線條也不為過吧！

規劃住宅格局時，一開始得先畫出想像中的草圖，再經過討論與調整，將原本紛亂的線條匯集成一條線。這就是整體設計中必經的過程。

設計圖中的線條並不只是「平面線條」，同時也代表了地面高低差或牆壁的「垂直線條」。地面高低差具有劃分空間、錯開視線的效果。

★彎曲的扶手

如水流般的樓梯扶手，描繪出優美的線條。

★挑高設置的木質橫梁

裝設在客廳挑高處的木質橫樑，不切割空間卻為客廳注入一股力量。

★聳立的室內直柱

豎立在客廳及餐廳之間的圓柱，產生召喚家人聚集的強大磁場。

★弧線造型的玄關門廳

彷彿邀請訪客入內的線條，營造出「由大至小」的律動感。

有連貫性的住宅格局，就藏在大大小小的線條中

舉例來說，在客廳與餐廳間畫出一條線，表示此處以高低差來劃分空間。**透過地面的高低差錯開2個空間的視線高度，就能讓心理產生「放鬆感」和稍作喘息的「空間感」，間接提升家人彼此的溝通與交流。**

此外，牆壁及柱子會決定生活動線，讓彼此間的溝通產生「重疊面」。空間規劃對於家庭生活有無比的影響力，而生活空間就從一條線開始延伸。

線條，不單單只是設計圖上標示地面高低差、牆壁或柱子的記號，這條線必須是「有生命的線條」，從這條線延伸出生活步調及協調感。

任何人都能規劃住宅格局，但你必須知道，規劃住宅空間的線條，其實背後蘊含著許多重要的意義。

心理準備●「加法思考」與「減法思考」

以「減法」取代「加法」，就能看見更重要的事

運用「加法思考」，空間只會越不夠用

✱任憑慾望無限擴張，最後難以收拾

如果以加法的方式思考，以便利、舒適為主要訴求的家電用品，全都會列入「慾望清單」，最後徒增困擾。

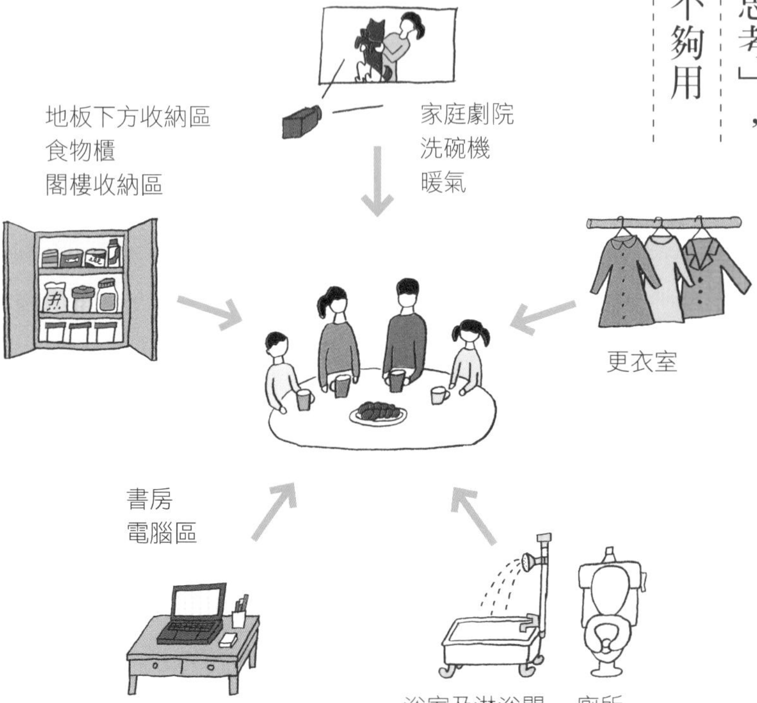

先「減」再「加」，是規劃空間的基本原則

建設公司在推銷房屋時，常會將重點放在附加功能上，希望藉由附加價值凸顯差異，或是提出低成本、高品質的建案。

打造理想住宅時，擁有附加功能固然重要，不過在此之前必須先確認住宅的基本要件，不是嗎？以下是住宅的三大基本要件：

❶主臥室、客房、書房等房間

❷廚房、廁所、浴室等需要裝設排水管的區域

❸客廳、餐廳等共同空間

如果要依照重要程度加以排序，

運用「減法思考」，空間運用簡單明瞭

★不必要的東西，乾脆通通丟掉！

以減法的方式思考時，必須捨棄不需要的物品。透過捨棄，發現家人真正的需求。

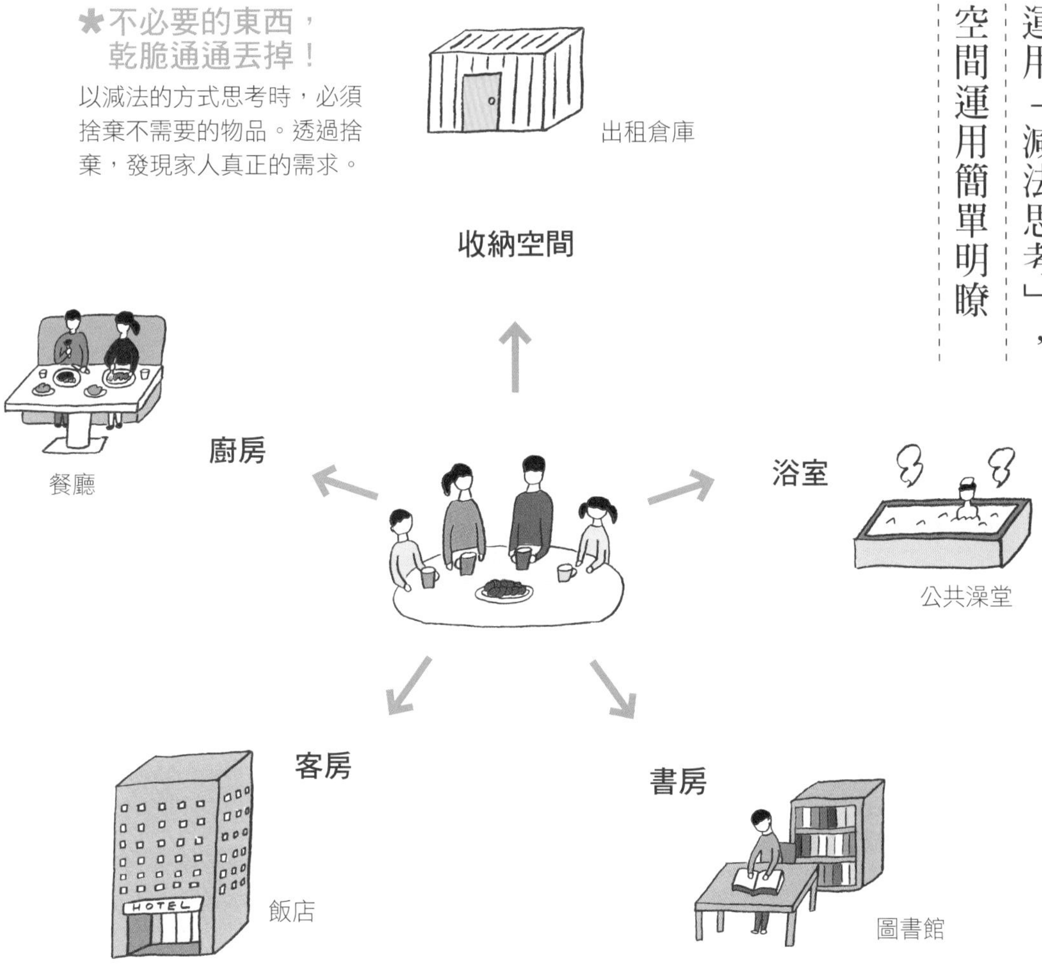

我的建議是剛開始時採取減法思考的方式。

就❶的部分而言，**訪客來訪可以住飯店、看書可以去圖書館，因此家中沒有客房或書房也無所謂**；❷的部分則可以利用外食、公廁、澡堂或健身房，因此空間實在有限時，可以省去廚房、廁所及浴室等空間。

然而，以相同方式思考❸的部分時，情況又是如何呢？似乎只有家人團聚的共同空間，很難以其他方式代替，因為人要處在熟悉的環境才能放鬆心情，所以無法以其他方式取代。

以「減法」的方式思考，就會知道住宅的重心是可以讓家人團聚的共同空間。因此，為了提高共同空間的機能，必須用心思考客廳及廚房應有的樣貌、設計，在充分理解之後，才能明確釐清住宅的基本要件。

思考空間配置時，要先以減法思考找出最重要的部分，然後再以加法思考，將剩餘空間按照重要性予以分配，如此一來，就能讓居家格局成為最舒適的理想空間。

用「立體視覺」規劃空間，別只是斤斤計較坪數！

除了坪數，「高度」也要考慮！

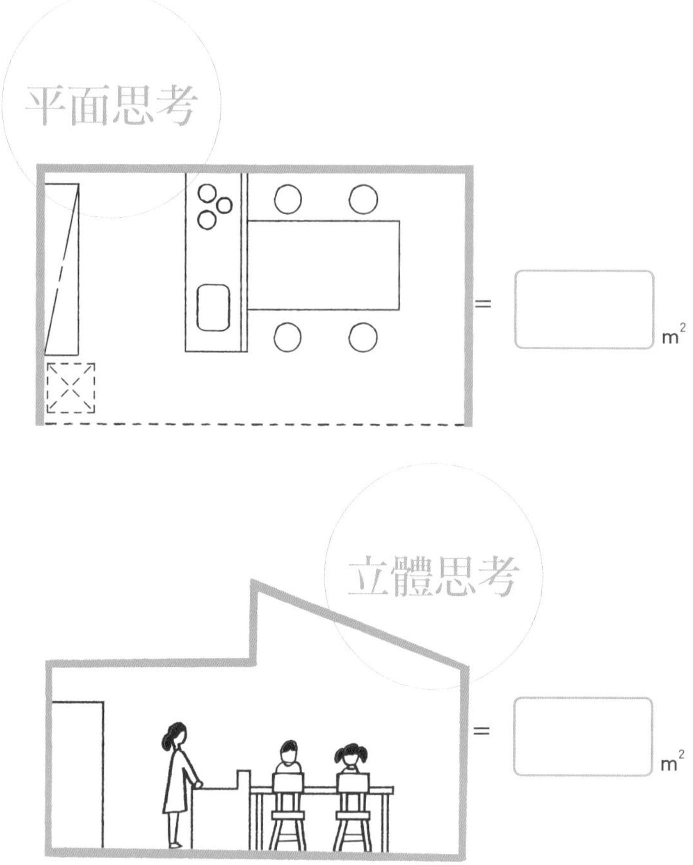

★以立體思考取代平面思考

住宅是立體空間，自然應該採取立體思考。只要改變天花板高度或是將窗戶設置在高處，就能讓住宅更有空間感。

不只「長度」與「寬度」，「高度」也會影響整體感

通常我們會使用「範圍」、「比例」、「尺寸」來表示住宅空間的形狀、大小或面積。

「尺寸」是實用性與功能性兼具的測量方式，「比例」可以呈現整體的均衡感，「範圍」則用來表現大小及長寬之間的平衡；尺寸以「長×寬」（m²）表示，而範圍則標示為「長×寬×高」（m³）。

為了容易掌握對面積的感覺，我們常會以○○m²或是○○坪等「平面」的方式來標示面積。

然而，**在規劃空間配置時，應該要以「長×寬×高」，也就是「立體」的方式思考。因為住宅並非平**

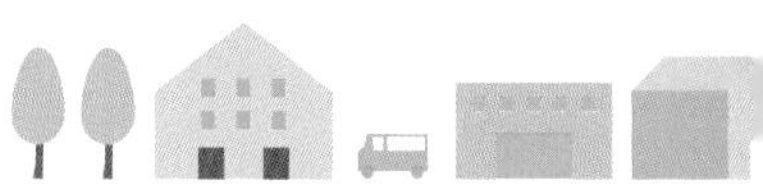

用「立體思考」，找出最理想的住宅空間

「物品尺度」與「人體尺度」

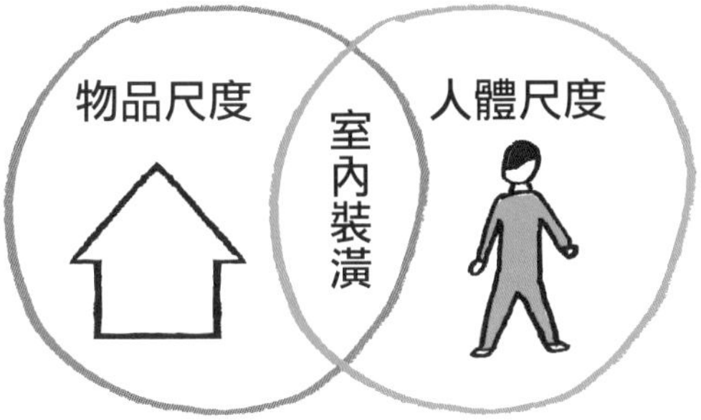

★尺度會依觀點而改變

製造物品時，以尺規丈量物品的實際尺寸稱為「物品尺度」，而以人的感覺去度量物品相對尺寸，則稱之為「人體尺度」。「室內裝潢」是物品尺度與人體尺度之間的黏著劑，以尺寸、比例、範圍來表示形狀、大小或面積。

表示面積及形狀的3大用語

★範圍

表現「大小」及「長寬」之間的均衡感

★比例

呈現整體比例的均衡感

★尺寸

兼具「實用性」及「功能性」的測量方式

面，而是建構在立體空間之中，高度也是影響整體感的關鍵因素之一。

掌握「立體思考」，就能提升空間舒適感

舉例而言，相同格局的兩間房屋，一間全室天花板高度完全相同，另一間廚房天花板採標準高度，而餐廳則挑高設計，光是這點差異，就會使空間感大不相同。

光是思考「長×寬」（m^2），無法充分掌握空間。對一般人而言，同時思考平面空間與立體高度是相當困難的事，這時不妨尋求專家的建議，或是直接到售屋接待中心實際體驗，找出真正適合全家人的空間規劃吧！

即使面積相同，只要採取立體思考，充分掌握「m^3」，就能大幅度提升空間的舒適度。

心理準備● 光線的品質會決定格局好壞

改變「採光方式」，營造寬敞舒適的空間感受

善用各種方向的光線，讓空間表情變得更豐富

好的光線會提升住宅質感

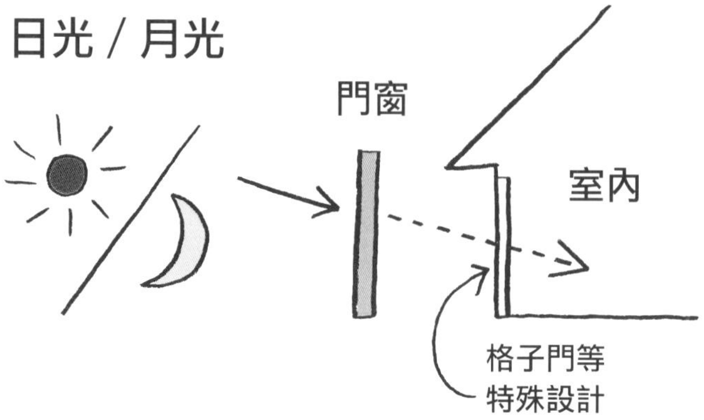

★「門窗」別具匠心的意義

格子門、玻璃鑲嵌拉門等多種匠心獨具的門窗設計，能將自然光線引入室內，打造獨特氛圍。

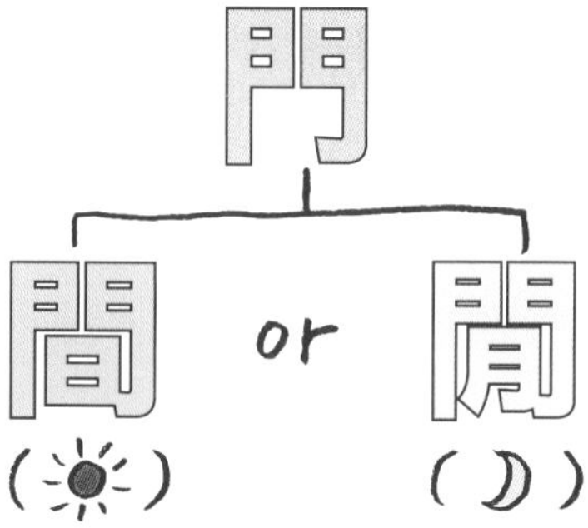

★從門窗縫隙透出光線的「空間」

門字是由２個戶字所組成，２個戶字之間有縫隙。門中的「日」字，就如同光線從縫隙中透進來。

參觀傳統寺廟時，最先映入眼簾的絕對是瓦片屋頂，比起搶眼的屋頂，入口處的門扉或牆面相對就顯得沒什麼存在感。

同樣的情形在一般建築上也看得到，越是多雨潮濕的國家，屋頂所擔任的任務就越是重要。

大面積的屋頂會形成較深的屋簷，保護房屋不受雨水的影響，但同時也會讓光線無法透入，使得屋內變得陰暗。

於是傳統建築以光線反射、嵌入玻璃的格子門或是竹簾等方式，使用可透光的材質將光線導入室內。引入室內的光線微弱，而這道微光在光滑

來自東南西北的光線，各有不同意義

北……山

玄武

四大神獸	玄武由龜與蛇組合而成的靈獸，象徵無畏寒暑的忍耐力。
光線特徵	光線無強弱之分，是安定之光。帶有寒涼卻平靜的感覺。嚴肅卻具精神層面之光。
主要用途	書房、儲藏室、衛浴空間等。

東……河

青龍

四大神獸	青龍呈龍騰之姿，彷彿由上方傾瀉而下的耀眼光芒。
光線特徵	來自此方的光線會給予人如青龍般的勇氣與力量。使人感覺清新舒暢的光。
主要用途	玄關、廚房、餐廳、客廳、臥室等。

西……道

白虎

四大神獸	白虎身形兼具優美與結實感。受到強光照射屹立不搖的形象。
光線特徵	具有熱度的光線。感受時間的光線。療癒之光。
主要用途	置物間、衛浴空間等。

南……海

朱雀

四大神獸	朱雀展開雙翼，沐浴在光芒之中，猶如在浩瀚無垠的天空中展翅飛翔。
光線特徵	使人感覺能量的光線。乾燥的光線。如雙翼開展般的強大光線。
主要用途	餐廳、客廳、和室。

平整的檜木柱子或是白色水泥牆的折射下，會變得纖細，呈現出簡約靜謐的氛圍。

雖然時代改變，生活型態也產生很大的變化，但採光仍是住宅格局的重點，這是不會改變的。不過，現代住宅多偏向直接採光，很少用心感受光線的質感。

其實來自不同方向的光線會呈現不同的質感，窗戶的形狀、大小、高度甚至是隔間牆、門窗等，都會讓住宅呈現不同的樣貌。

例如，天花板挑高時，光線會從上方窗戶灑落屋內，讓整體空間看起來更寬敞；如果窗戶設置的位置較低，就能引進安定沉穩的光線，只要透過低窗來降低視線高度，就算天花板較高，還是能為室內營造一股沉穩平靜的氛圍。

隨著時間或季節的更迭而變換光線質感，就能夠為空間增添豐富多變的表情，各位不妨多留意看看！

心理準備 ● **空間規劃也要適度「留白」**

保留「用途不明的空間」，住得更舒適、安心

空間的用途該不該明確規範？

過去

★以「多用途空間」為主的傳統住宅

傳統住宅在進入玄關後，右側3坪左右的區域是接待訪客用的正式空間，其餘房間則沒有特定用途，可以任意使用。

現在

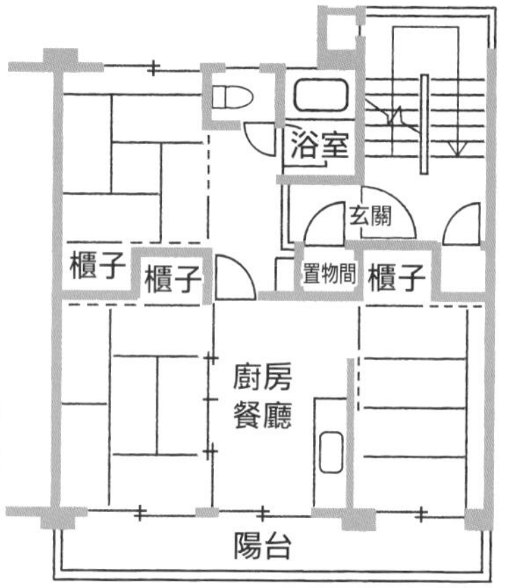

★以「機能化空間」為主的現代住宅

現代住宅重視吃飯、睡覺等生活機能，依目的規劃使用空間，特別注意個人隱私。

機能建全的便利空間，「住起來」不一定舒服

傳統建築中，每間房間多半沒有特定功能，屬於「多用途」的使用空間，例如，開放式的和室空間、寬敞的走廊等，都屬於這種類型的空間；現代建築的每間房間則恰好相反，幾乎都被賦予了特定的功能或目的。

這種兼具機能性與便利性的格局規劃，的確適合忙碌的現代人。然而，**一味重視機能性，絕對稱不上是良好的生活環境，藉由適當的空間規劃，讓人住得既安全又安心，也是非常重要的課題。**

我希望各位在規劃住宅格局之前，重新思考將居住空間「目的化」的意義。

考量機能性之外，也要適度留白

用途不明確的空間

★多功能房間

「多功能」的意思就是用途模糊的空間，也可以當置物間使用。

★小孩房

小孩其實很少待在房間裡，因此只需保有最低限度的空間，多出來的部分就可以做為公共空間。

★客廳

客廳無明確的使用目的，如果規劃時以這個用途不明確的場域為中心，就能清楚地界定其他空間。

有明確用途的空間

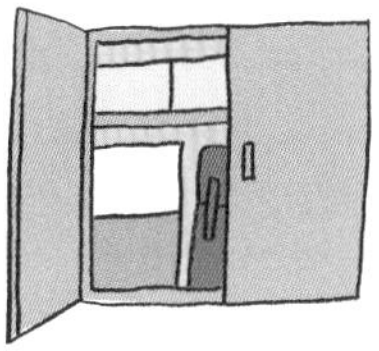

★收納櫃

目的十分明確，就是收納。不僅是家人共享的收納空間，也是增加家人接觸的地方。

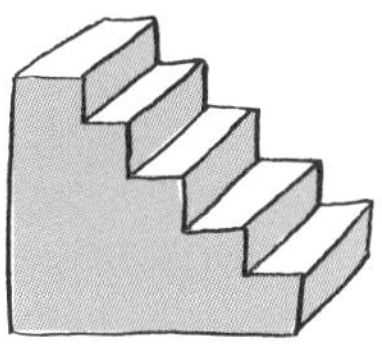

★樓梯

具有通道功能，用途明確。不妨加大樓梯平台的面積，規劃成電腦區也是不錯的方式喔！

空間規劃除了講求機能性，也要有適度的模糊地帶

我們日常生活的所有行為都具有「目的性」嗎？其實，除了吃飯、洗澡、上廁所，這些具有特定目的的行為外，我們其他時間難道不是悠哉地渡過嗎？很多時候還只是漫無目的地發呆呢！因此，**除了具備機能性的空間外，也要規劃更多與家人相處的空間、毫無目的，甚至是無特定功能的空間**。

我認為，每個空間的用途不論明確與否，都可以透過有彈性的發想與創意，成為家人之間情感交流的絕佳場域。

《徒然草》有一段是這麼寫的：「家中若有毫無作用的空間，不僅能創造視覺上的趣味，一旦想些做什麼的時候，也可以派上用場。」這段話放在現代社會來看，還是很有參考的價值。

心理準備● **注意「危險的住宅格局」**

家中沒有「聊天空間」，關係會日漸疏遠

這種格局，千萬要小心！

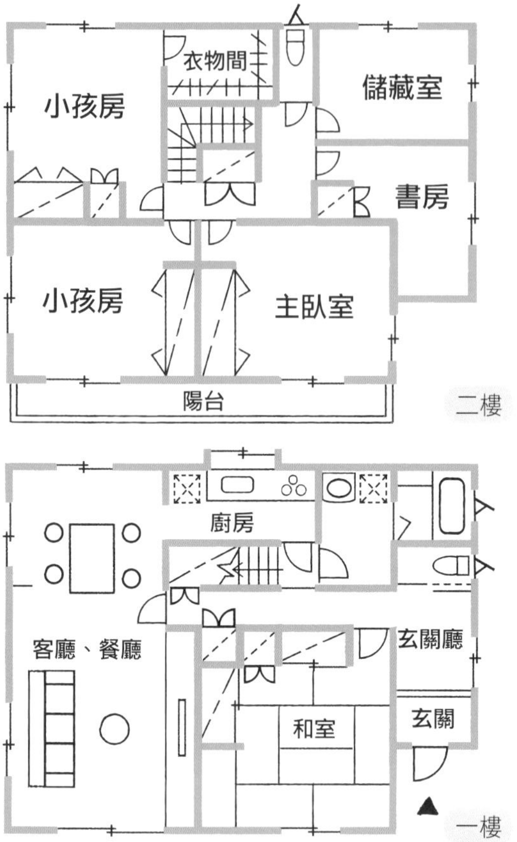

★過於獨立的房間

獨立性高的房間雖然能保護隱私，但各房間的通道動線通常不佳或缺乏連貫性，尤其是和室與樓梯位置，更會減少讓家人互動的機會。此外，走廊或樓梯處採光不良，通風狀況也不佳。

房間各自獨立，會減少家人交流的機會

青少年犯罪、家庭暴力、繭居族（註：不上學也不上班，自我封閉，成在待在家裡的人）、霸凌事件……，這些以往難以想像的社會事件，如今卻層出不窮，許多問題逐漸浮上檯面。

社會環境已經如此惡化，現代人的住宅卻還是傾向規劃得像飯店，房間各自獨立，缺乏家人間彼此交流的空間，讓人不由得擔心這種制式化的格局設計，會讓社會狀況每下愈況。

我將容易出現問題孩童的住宅共通點，依據個人經驗整理如下：

● 家中沒有家人同聚、聊天的空間

「格局」是全家和樂的最大關鍵

磯野家的平面圖

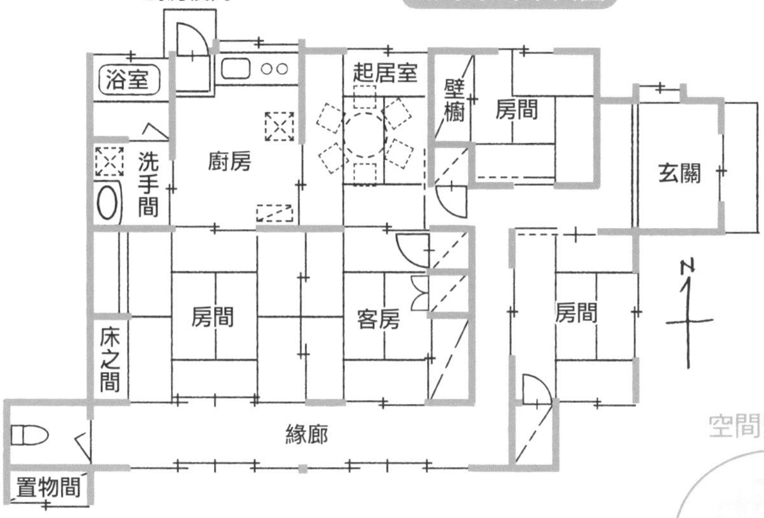

磯野家	現代常見的家庭
以起居室為中心的傳統住宅	以餐廳、廚房為中心的現代住宅
雖然空間很有彈性，但缺乏隱私	確保個別隱私，但欠缺空間的彈性
走廊不是前往房間的動線（走廊未連接房間）	走廊是前往房間的動線（經走廊進入各房間）
外側緣廊是與室外環境溝通的場域	沒有與室外環境溝通的場域

空間緊密＝關係緊密

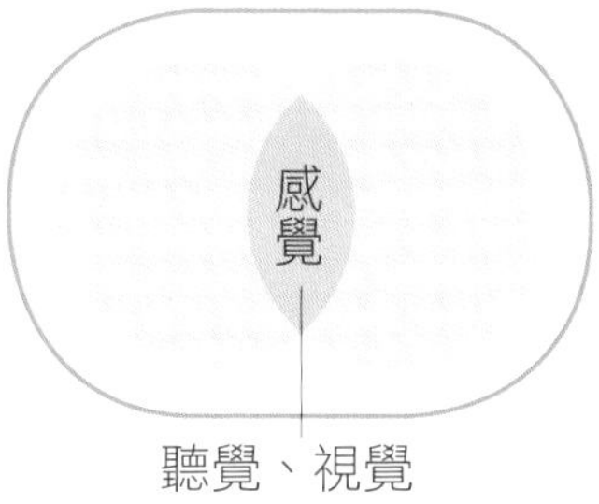

★家人間能感受彼此存在的空間

漫畫《海螺小姐》中，磯野家的生活空間既沒有隱私，採光也不佳，絕對稱不上好的格局規劃，但是卻能讓家人感受彼此的氣息。這裡的「氣息」，指的就是透過看到家人的身影、聽到家人的聲音所獲得的感受。

- 孩子的房間離家人同聚的空間有一段距離
- 從玄關走到房間的途中，不會碰到其他家人
- 孩子可以從房間直接進出家門
- 鄰居之間毫無交流

並不是家裡有張餐桌，就能夠一家團聚吃飯；而孩子也不會永遠待在母親身旁，一旦到了某個年紀，自然會想與家人保持距離，渴望擁有私人空間。

正因為如此，**住宅絕不能缺少家人團聚、互相關心、交流情誼的空間。更重要的是，必須透過適當的空間規劃，讓全家人擁有「共同意識」，也讓孩子知道：不只是自己的房間，整個家都是他的生活空間。**

而這項體認也與家人間的溝通有關，因為溝通是創造豐富語言的基礎，而家人之間的關心，更是孩子成長的心靈藥箱、人生的重要資產！

心理準備● **考量素材的特性**

活用建材特性，打造充滿生命力的家

建築物外型常見的三種外型

三角形

★金字塔

三角形以3個點構成，兼具向內包容與向外拓展之意。

圓形

★古羅馬競技場

古代建築之所以經常採用圓形，是因為圓形最容易描繪，只要固定住一個點，就能夠畫出圓來。而以一點為中心所畫出的圓，也有環抱的意象。

方形

★帕德嫩神廟

以4個點構成，這種形狀的建築，必須具備建造技術、力學概念，以及對形狀的高度意識。

這樣設計，房子越舊越有味道！

建築設計師經常煩惱著該運用什麼形狀，跟腦海中的想法不斷地搏鬥。然而形狀，說起來其實就只有「圓形」、「三角形」與「方形」三種，當然也有橢圓形或六角形等特殊形狀，不過這些特殊形狀也可說是圓形或三角形的延伸。

為什麼設計師這麼在意形狀呢？因為形狀的影響很大，有時會造成行動上的不便，有時則讓人感到自在，再加上建築物外觀會維持數十年以上，也可能成為該區的醒目地標。

建築物的外觀雖然可以維持數十年，但卻有一項是設計師無法掌控的，那就是隨著時間自然形成的特

各式建材特徵大評比

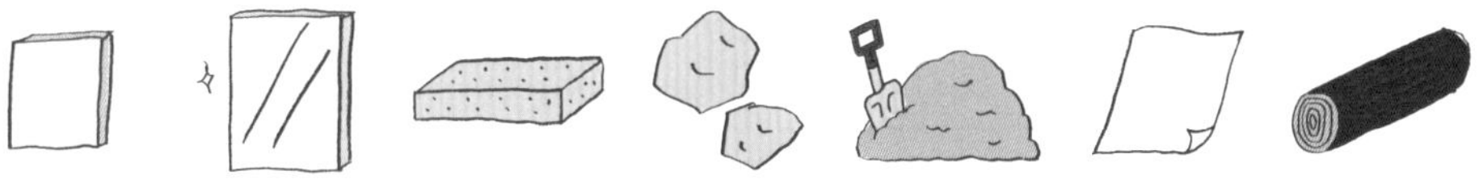

材質	建築材料	特徵
木	檜木、杉木、松木、鐵杉	○自然木紋，視覺效果柔和，觸感佳，加工容易且具保溫性。 ×容易腐爛。易燃。
紙	紙拉門、紙門、壁紙、和紙	○素材質樸溫和。顏色及質感佳性、透光性好。 ×不耐水。易燃。容易受潮。
土	灰泥、矽藻土、屋瓦、磚塊	○耐火。觸感自然。吸水性及保溫效果優異。 ×容易破損。不易掌握加水量。較重。
石	大理石、花崗岩	○材質堅硬、細密。質感優美具光澤感。耐久性佳。 ×沒有彈性。較重。須注意有無瑕疵。某些石材容易風化。
混凝土	混凝土（清水模）	○耐火性及耐水性極佳。抗壓縮力較強。 ×拉力承受度差。看起來冰冷。使用壽命僅五十年。
玻璃	透明玻璃、壓花玻璃、保溫、隔熱玻璃、玻璃磚 等等	○質地堅硬，不易侵蝕。表面平滑，不易附著髒污。 ×缺乏彈性及韌性。須注意有無瑕疵。
塑膠	聚氯乙烯、塑膠製品	○耐水及化學洗劑，不易腐蝕。容易成形，可大量製造。 ×不抗紫外線，陽光直射易變質。易燃。

維護的難易度：高 ⟷ 低

色，換句話說，就是「經得起時間考驗的美感」。

選用無垢木材、和紙、灰泥、矽藻土、石材等具有生命力的自然素材，就能創造出經得起時間考驗的特殊美感，例如，在玄關貼上石材、以無垢木材鋪設地板、在房間牆面塗上灰泥或矽藻土，累積歲月風霜後，石材會越磨越有光澤；木質地板經過長年使用，則會呈現別具特色的麥芽色；而灰泥或矽藻土牆面，也會隨著時間漸漸散發沉穩的韻味。雖然因為客觀條件限制，設計師無法完全掌握住宅外觀的變化，但卻能利用建材蘊含的生命感，營造特有的味道。

這些「經得起時間考驗的美感」，需要悉心維護，反過來說，不鏽鋼或塑膠材質又是如何呢？這些人工素材雖然永久不會變化又欠缺生命力，卻具備了方便及優異的性能，適合使用在易受吹風淋雨、必須注重耐用度的地方。只要依照用途的不同活用建材不同的特性，就能讓全家人更加愛惜自己的家！

column

1

建造一間有「溝通功能」的家

以下案例是與眾多委託人討論的過程當中，讓我印象深刻的案例，這次要跟各位分享的是透過住宅加深親情關係的故事。

打造溫馨好宅，把家人的心「串連」起來

某日，一位四十多歲女性經由朋友介紹來到我的事務所。當時她與孩子同住一間兩房一廳附廚房的出租公寓，一方面因為孩子已經長大，考慮換間更寬敞的公寓，另一方面因為父母親也住在附近，考慮打造適合三代同堂的住宅，兩者之間無法抉擇而煩惱不已。

自從與丈夫離婚後，這位女性因為工作的緣故，與孩子相處的時間越來越少，關係也日益疏遠，心想若是與雙親同住，或許對孩子會比較好。

我們討論了很久，並不是針對產權本身，而是討論住宅真正的意義。如果只是建造一個箱型物，那就是「建築物件」，然而所謂的**建築，其實是「構築心靈」，如果能以建築來構築心靈，緩和不安的情緒，對培育孩子的自主精神一定也有所幫助。**這需要所有家人投入心力，每個家族成員說出自己對於家的想法，再透過溝通，加深彼此的親情關係。而想讓家人擁有共通的話題，說出自己的想法，就必須建造一間有「溝通功能」的住宅。

我想真正打動她下定決心打造三代同堂住宅的原因，**並不是建築物本身，而是透過住宅將家人的心串連起來吧！**在確定細節部分之後，設計與施工都順利進行，她終於如願以償地擁有屬於自己的家。

完工後，再次與這位女性見面時，她神情愉悅地告訴我：「家人的對話比以前增加許多，家裡的氣氛也變得開朗。」藉由這次的經驗，我對於住宅對親子關係的影響力，有了更深一層的體會。

第2章

規劃住宅周邊環境，讓回家成為幸福的起點

談到格局，我們常把重點放在室內，
但其實住宅的周邊環境也很重要。
接下來介紹的室外設備或管線配置，
都是規劃時不可忽略的重點喔！

想讓生活機能更完善，屋裡、屋外都要兼顧

CHECK！室外配置大點檢

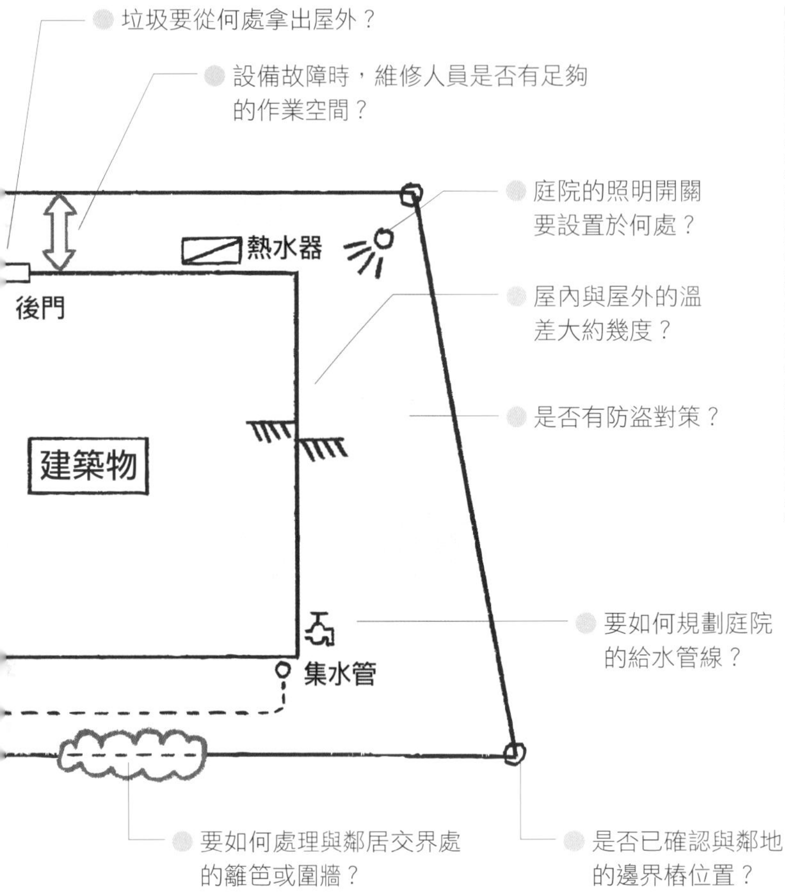
垃圾要從何處拿出屋外？
設備故障時，維修人員是否有足夠的作業空間？
庭院的照明開關要設置於何處？
熱水器
後門
屋內與屋外的溫差大約幾度？
是否有防盜對策？
建築物
要如何規劃庭院的給水管線？
集水管
要如何處理與鄰居交界處的籬笆或圍牆？
是否已確認與鄰地的邊界樁位置？

不起眼的室外管線，也會影響住宅的美觀程度

我們的生活範圍並不只有室內，因為室內環境的舒適必須仰賴各式各樣的設備，而這些設備的主機或管線就裝設在房屋的外面。首先，讓我們來確認有哪些設備是應該架設在房屋外面的。

- **埋設於地底或架設在地上的設備**
  給水管、汙水管、排水管、瓦斯管、汙水槽、雨水槽、止水栓、水表、撒水栓、邊界樁等。
- **架設於牆面或埋於牆內的設備**
  瓦斯表、電表、熱水器、外部插座、感應燈、抽風扇、排風口、空調管路、電線等。

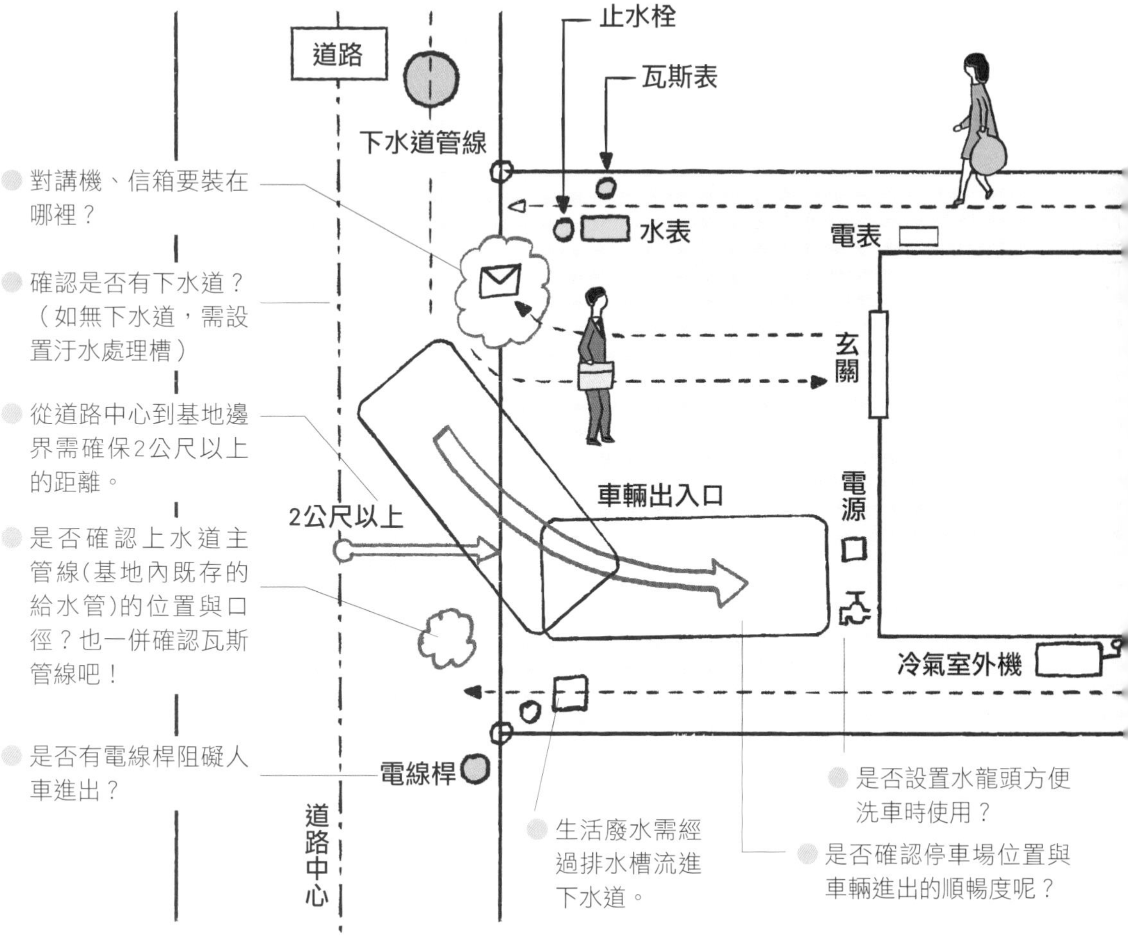
道路
下水道管線
止水栓
瓦斯表
水表
電表
玄關
電源
車輛出入口
2公尺以上
冷氣室外機
電線桿
道路中心
對講機、信箱要裝在哪裡？
確認是否有下水道？（如無下水道，需設置汙水處理槽）
從道路中心到基地邊界需確保2公尺以上的距離。
是否確認上水道主管線(基地內既存的給水管)的位置與口徑？也一併確認瓦斯管線吧！
是否有電線桿阻礙人車進出？
生活廢水需經過排水槽流進下水道。
是否設置水龍頭方便洗車時使用？
是否確認停車場位置與車輛進出的順暢度呢？

靈活利用「屋外環境」，讓室內空間更寬敞

從上述內容可以知道，許多設備的主機或管線都必須裝設在屋外。此外，還有一些細節是實際生活後才會發現的事，例如：抄寫水電表、瓦斯表、車子進出停車場、到信箱拿早報等，都是必須事先思考的細節。

至於土地的「臨路寬度」，最好是寬一點，最少要有5公尺，如果達8公尺，車子進出時會比較輕鬆，同時也能夠確保車道寬度。此外，也可以將設備主機集中於一處，方便維護與保養。

為了保持室內寬敞的空間，必須先確實規劃外部空間。將設備的室外主機繪製在平面圖上，可以幫助整合內外空間，讓住宅更有連貫性。

裝潢內部空間之前，不妨一併考量土地及建築物外觀等細節，再動手設計規劃吧！

考察「四周土地條件」，規劃理想新格局

由上而下，俯瞰土地構造

★長方形

面寬或深度的其中一方較長的土地。

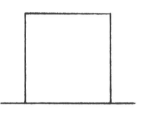

★正方形

正方形的土地並不常見。

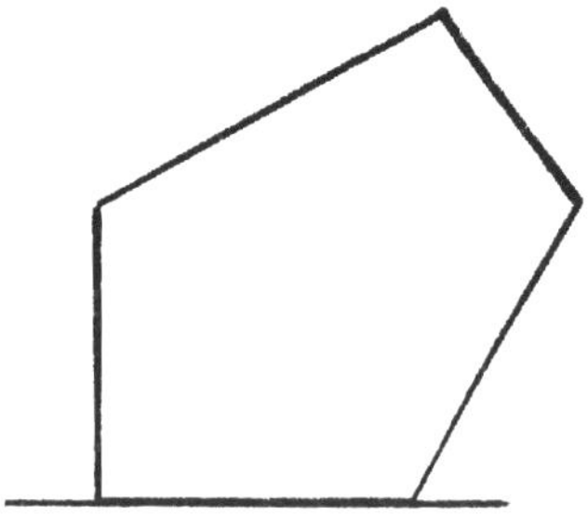

★不規則形

都市地區常有形狀不規則的土地。

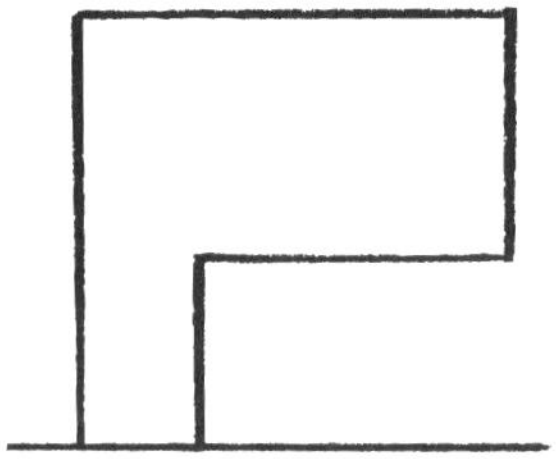

★旗竿型

都市地區最常見的土地形狀。

施工前注意五件事，快速掌握地理環境

建築物的形狀或容積規定是依照土地形狀、高低差異、周邊環境、鄰地條件、與道路的關係、建築法規等等所決定的，因此**即使是先天條件不利的土地，只要確實調查、充分掌握土地的性質，還是能發揮最大效能。**

親自確認土地的狀況，對日後的規劃設計非常有幫助，接下來將說明五項必須注意的重點：

❶方位及日照方向

設計圖上所記錄的方向與實際方位不一定完全吻合，尤其是對於建築物高度有嚴格規定的地區，更需要確實掌握方位，這個部分請委託專業公

由「兩側」考察土地的先天條件

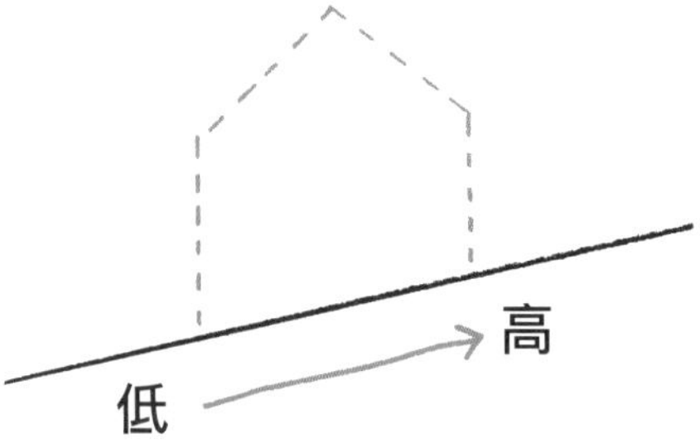

★高度差異

依照坡度狀況，看是要刨平高處，或是墊高低處。

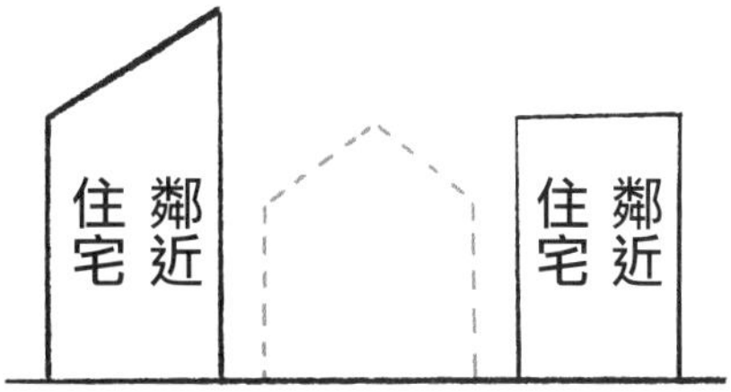

★基地平坦

請確認鄰近住宅的高度及相對距離。

由「四周」觀察土地的周遭環境

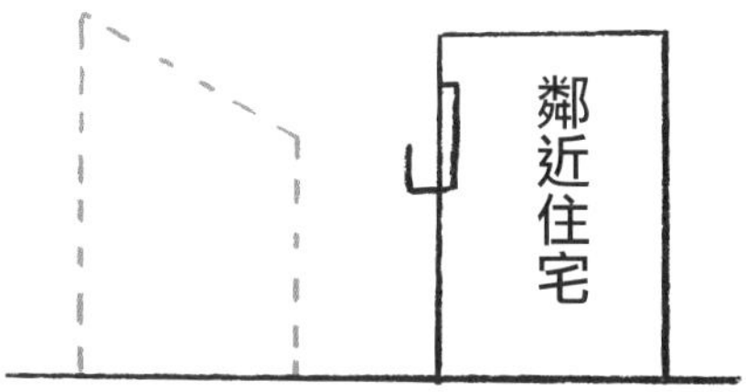

★鄰居房屋的位置

注意住宅座向及視野想避開的部分。

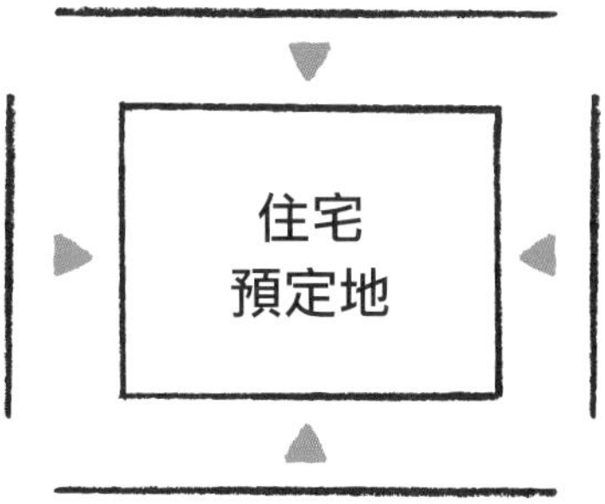

★道路的位置

請決定大門的方向吧！

司協助確認。

❷土地的高度

土地的高度會影響人車進出。此外，事先確認與鄰地的高低差，也可以當作日後討論採光時的參考資料。

❸「道路寬幅」及「臨路寬度」

道路的寬度將會影響建築物往後退縮的距離、建築高度等相關限制；而土地的臨路寬度也會影響人車的出入位置。

❹鄰近住宅及眺望方向

事先確認從分界線到鄰居住宅的距離、窗戶位置等資料吧！**規劃格局、擬定建造計畫時必須考量自己與鄰居間的隱私問題**。此外，如果外部環境有不錯的景觀，規劃住宅的方位時也可以考慮面向那個方向。

❺周邊環境的外觀或高低差異

調查土地周邊的既有景觀、地面高低差等資料，並將這些調查結果活用於外觀設計，**讓住宅外觀與街廓景致互相協調**。除此之外，不妨事先調查外部環境有哪些公共設施吧！

「道路」決定建築的方位，坐北朝南不一定最好！

隨道路位置，改變配置方式

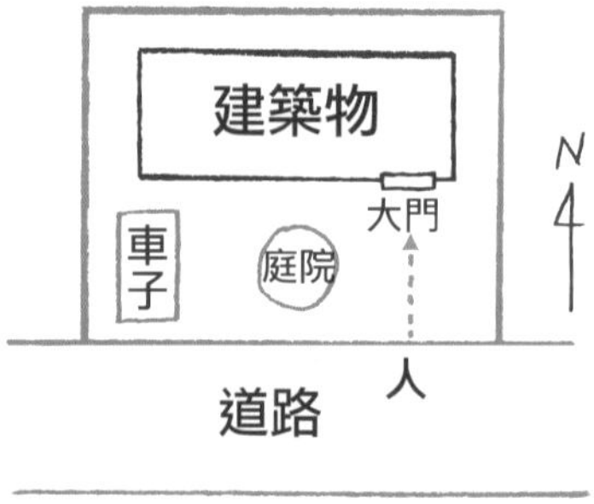

★道路位於土地南側
進出屋內的通道與庭院會在相同的方向，必須留意是否占用過多的庭院面積。

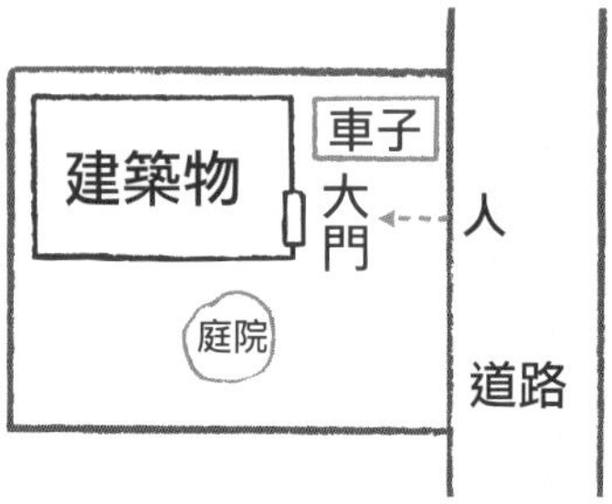

★道路位於土地東西側
停車場設置於北側，庭院面積較為寬敞。

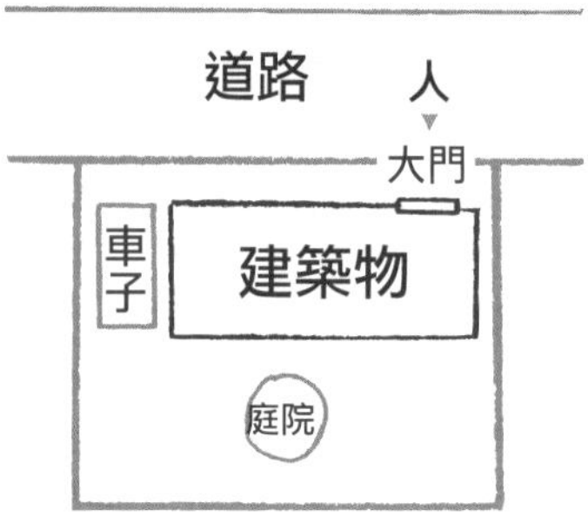

★道路位於土地北側
建築物緊鄰道路，在通道距離不長的情況下，必須留意格局設計，避免太過單調。

考量「鄰近道路條件」，讓格局規劃更有彈性

建築土地與道路相連是建造房屋的第一要件，一般而言道路寬幅須達4公尺以上，建築基地的臨路寬度超過2公尺，才能建造房屋。

從尋找土地開始著手的人，請務必先確認這些細節。道路位於土地的南側、東側、西側還是北側，將會大大影響住宅格局的規劃方式。

一般來說，**道路在建築物的南側日照條件會比較好**，有明亮開闊的視覺效果，但是南側有道路時，大門或停車場自然也會規劃在離道路比較近的地方，這就可能會使日照充足的南側庭園面積變小。

想讓庭園的面積寬敞一點，建築

將鄰近住宅也納入考量

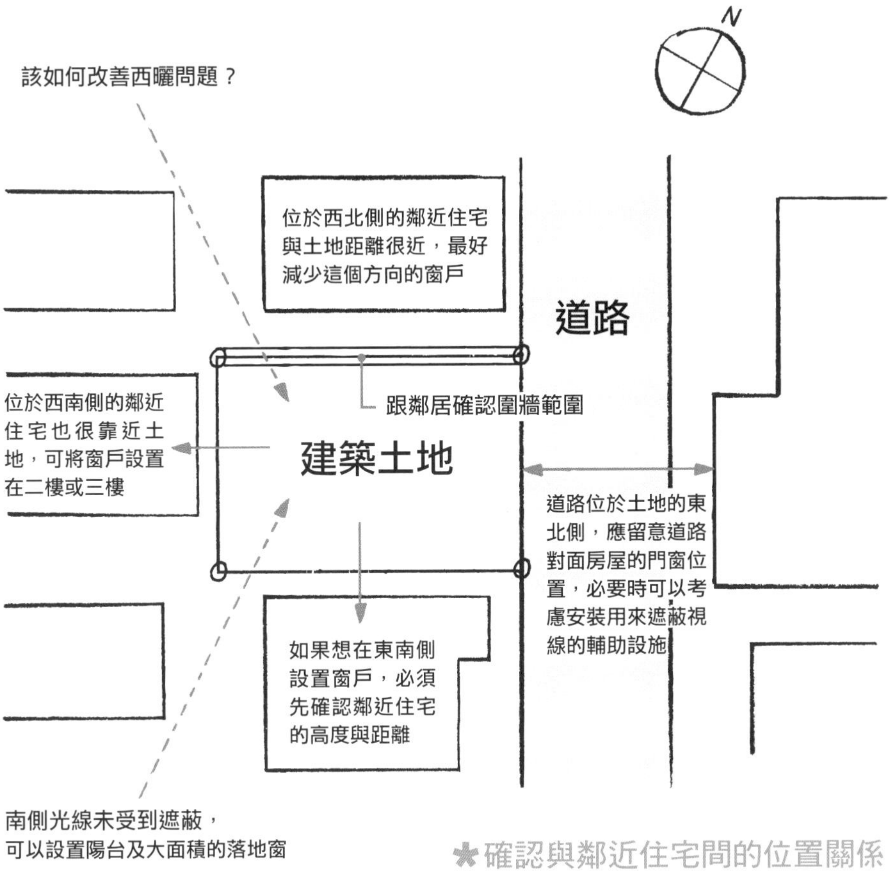
N
該如何改善西曬問題？
位於西北側的鄰近住宅與土地距離很近，最好減少這個方向的窗戶
道路
跟鄰居確認圍牆範圍
位於西南側的鄰近住宅也很靠近土地，可將窗戶設置在二樓或三樓
建築土地
道路位於土地的東北側，應留意道路對面房屋的門窗位置，必要時可以考慮安裝用來遮蔽視線的輔助設施
如果想在東南側設置窗戶，必須先確認鄰近住宅的高度與距離
南側光線未受到遮蔽，可以設置陽台及大面積的落地窗

★確認與鄰近住宅間的位置關係

依道路方位決定玄關位置之後，接下來就要確認周邊環境。將土地潛在的可能性活用在空間規劃上。

物就必須往北側靠，然而為了確保北側鄰近住宅的日照量，有時並無法如願地將建築物往北側靠近。

就算土地條件不佳，也能靠後天規劃改善

基於以上種種因素，我們無法一概而論地認定道路位於南側就是最好的土地條件。

即使道路位於基地的北側，也不算是條件不佳的土地，只要適當規劃，還能將客廳或餐廳配置於南側，有效利用南側的空間。如果將大門設於北側，使得一樓南側的空間不足，只要將客廳、餐廳及廚房移至二樓，就能確保採光充足。

同樣地，當道路位於建築物的東側或西側時，空間規劃也會受到極大的影響。總而言之，**就算現有的土地有道路條件不佳、受鄰近住宅位置限制等先天不利的條件，只要用新觀點加以規劃，還是能創造出舒適的居住環境。**

瓦斯、水電是生活必需品，逐一確認別怕麻煩！

配線位置很重要，絕對不能忽略！

常見的屋外管線設施

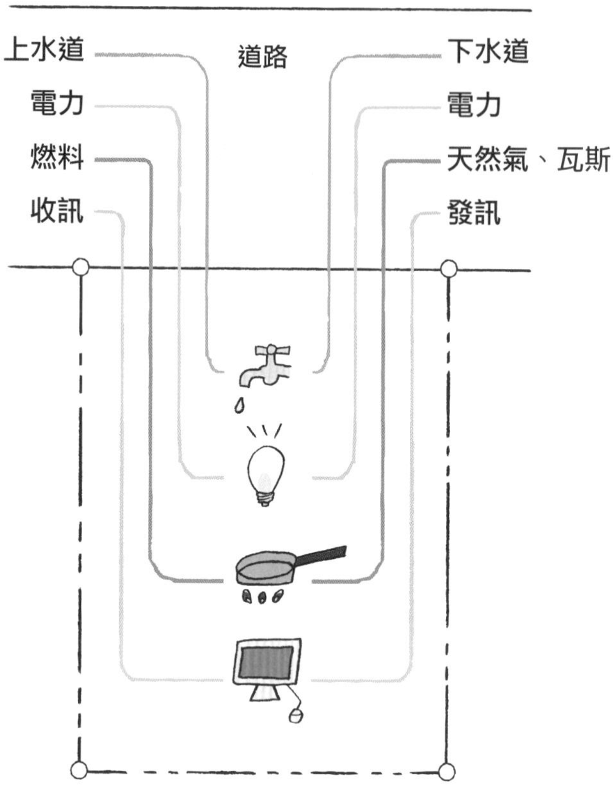

檢查「管線拉設方式」，事前仔細探勘很重要

建造房屋時，有些部分雖然看似理所當然，但如果不確實調查，可能會造成難以收拾的局面，或是得重做一次，增加不必要的成本負擔。規劃住宅的格局以前，先將重點放在這些基本項目上吧！

❶確認管線拉設的位置

請先確認水、電、瓦斯等管線的位置，**如果尚未配置管線，請等待水電、瓦斯業者完成管線的配置後再進行施工。**隨著管線進入屋內的位置不同，住宅的通道有時也會跟著改變，因此必須注意拉設的方向和位置。

「管線配置」與「建築」的關係

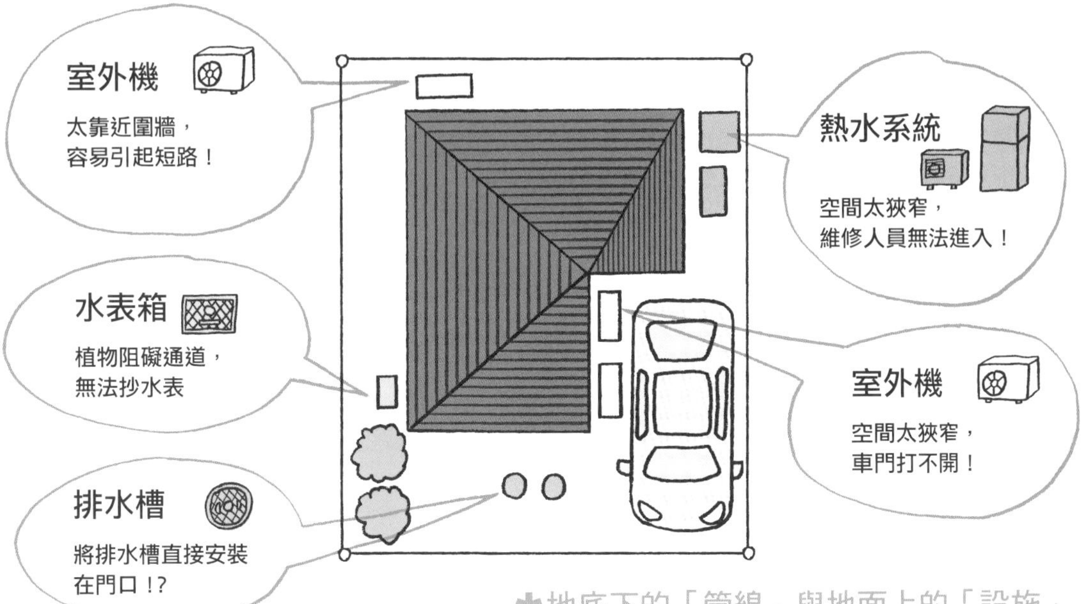
室外機
太靠近圍牆，容易引起短路！
水表箱
植物阻礙通道，無法抄水表
排水槽
將排水槽直接安裝在門口！?
熱水系統
空間太狹窄，維修人員無法進入！
室外機
空間太狹窄，車門打不開！

★地底下的「管線」與地面上的「設施」

住宅設施可分為埋設於地底的管線以及安裝於地面上的設施。考量到機器設備的效率及機能性，安裝時管線必須排列整齊，不要過長。另外，在浴室外面安裝室外機或放置物品，可能會遭有心人士用來墊高偷窺，因此在做規劃時，也要考量防盜方面的需求。

❷水

自來水從公共水道透過導水管引入，這裡有個調節流量的水閥稱為「止水栓」，自來水會從止水栓通過計算水量的儀器（也就是水表），再進入室內。如果將水表直接設置在通往入口處的走道上，那就不美觀了。

❸電

確認兩旁住宅是從哪根電線桿將電線拉進屋內，同時確認電線桿是否妨礙車輛進出。你可以在外牆裝設接戶線專用的金屬釘鉤，或是在土地角落架設引線桿，將電線拉進室內。

❹瓦斯

請先確認這個地區是否使用天然氣，**因為使用天然氣或桶裝瓦斯，會影響選擇熱水器的方式。**此外，也要將瓦斯表設置在方便抄表的位置。

❺其他

經濟型熱水系統、熱水器、空調室外機、電視天線等，都是需要時常維護的設備，在設置時一定要預留維修保養所需的作業空間喔！

室外環境規劃 ● **窗戶位置&防盜對策**

重視門窗採光之餘，別忽略「隱私」及「防盜」

留意鄰宅窗戶位置，盡量錯開，避免重疊

★窗戶相對望，容易造成尷尬

通常除了臨路的那面牆，其餘3面都會面對鄰居的房屋，請事先調查鄰居家的窗戶位置及窗戶大小，並標示於圖面中。如果與鄰居的窗戶位置重疊時，可以錯開窗戶的位置，或是選擇遮蔽效果良好的玻璃、開關方法不同的窗戶。

事先調查鄰宅窗戶位置，兼顧「隱私」與「採光」

住宅位於市中心，四周緊鄰其他房屋，既無法開窗通風，更不用期待有良好的採光了！這樣的情況其實並不少見。

對於這種土地，我會建議採用中庭設計，先在外部設置小窗，再透過中庭讓室內變得更寬敞明亮。

如果沒有足夠的空間可以設置中庭，就必須由外側採光，然而考量土地形狀、日照與通風條件等種種因素，我們裝設對外窗戶時，偶爾會發生與鄰居窗戶位置重疊的情形。

寢室等私人空間多半配置在二樓，如果一開窗就與鄰居四目交接，總是會感到不太自在吧！如此一來，

「隱私」與「防盜」雙管齊下

★確保居家隱私

每個人都希望從窗戶獲得良好的採光及開闊感，卻又不希望被他人窺視家中景象。開闊感與隱私是恰好相反的兩個極端，除了顧慮鄰居的窗戶位置，也要用心規劃以確保室內採光充足。

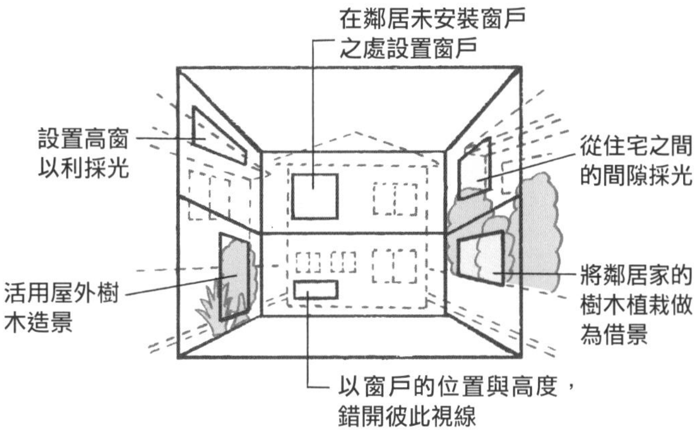
在鄰居未安裝窗戶之處設置窗戶
設置高窗以利採光
從住宅之間的間隙採光
活用屋外樹木造景
將鄰居家的樹木植栽做為借景
以窗戶的位置與高度，錯開彼此視線

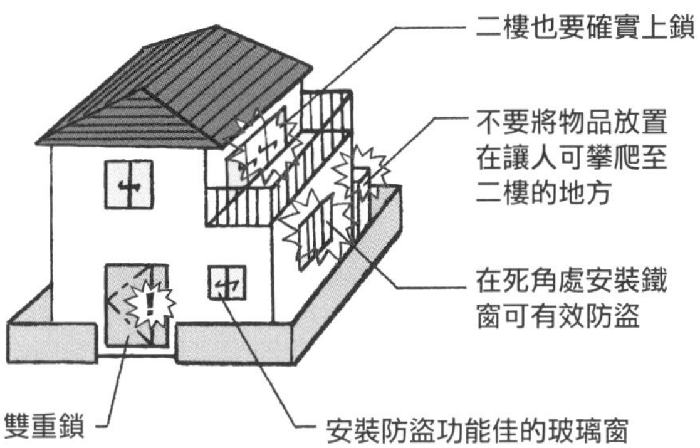
二樓也要確實上鎖
不要將物品放置在讓人可攀爬至二樓的地方
在死角處安裝鐵窗可有效防盜
雙重鎖
安裝防盜功能佳的玻璃窗

★做好防盜對策

過度重視隱私會讓土地出現死角，反而成為壞人躲藏之處。這時可行的因應對策包括：門窗確實上鎖、安裝不會遮蔽視線的柵欄或種植籬笆。會遮蔽視線的設施容易形成死角，這一點請務必留意！

窗戶就可能會因為尷尬而很少打開，漸漸失去作用了。

因此，規劃住宅格局之前，最好仔細調查四周建築物的窗戶位置或大小，此外，不妨也標示出鄰居陽台或抽油煙機排氣口的位置。

只要事前調查清楚相關細節，就能在初期規劃時就錯開窗戶的位置，尤其是三層樓以上的建築，因為承重的關係很難隨意更動窗戶位置，因此在確認土地時就要先調查清楚。

除了隱私之外，也必須預想將來房間的用途，通盤考量過後再決定窗戶的位置或大小。

窗戶不僅是採光與通風，也必須兼顧防盜的功能。除了用心規劃室外環境及室內格局，讓住宅與周邊環境間沒有死角之外，使用防盜玻璃、玻璃防盜膜等方式，也是防止小偷侵入的重要對策。

不過，最重要的防盜對策還是與鄰居互相幫助，一起守護四周的居家安全。

室外環境規劃 ● **考量日照方向**

觀察四季的日照方向，自然採光好EASY！

充分掌握四季的陽光變化

日照的基本變化

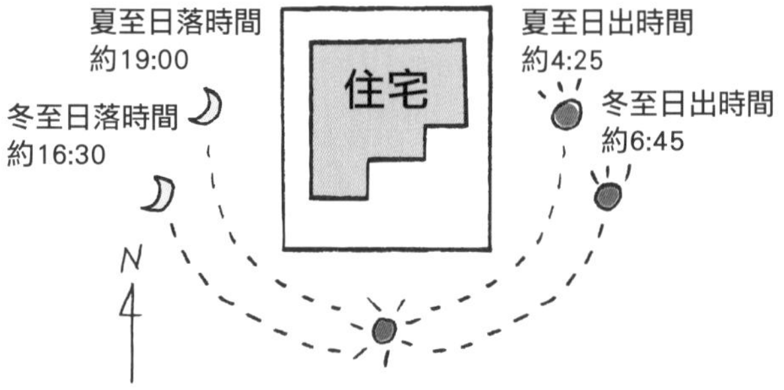

為了確保採光充足，請仔細調查附近的日照條件。

※上述日出、日落時間僅作參考

配合光線改變建築形狀

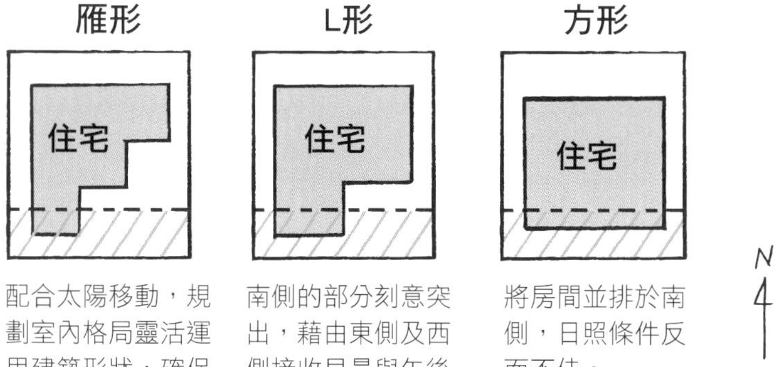

雁形：配合太陽移動，規劃室內格局靈活運用建築形狀，確保日照採光。

L形：南側的部分刻意突出，藉由東側及西側接收早晨與午後的陽光。

方形：將房間並排於南側，日照條件反而不佳。

徹底調查日照條件，與自然「共享天光」

太陽光又可分為「直射日光」與「天空漫射光」，兩種，各有它的特徵。直射日光就如字面所示，是指太陽光直接照射；天空漫射光則是太陽光經由大氣中的水蒸氣等微粒子漫射，再由雲層反射至地面的光線。

直射日光的熱度較強，因此在規劃空間時，必須考量季節的變化，控制直射日光的照射；**而天空漫射光則為室內帶來和煦的光線，也是我們想要引入建築物內的光線。**

如果基地能大量接收到以上這兩種光源，採光就應該不成問題，不過事實上，大多數的基地或多或少都會受附近建築的影響，導致採光量不

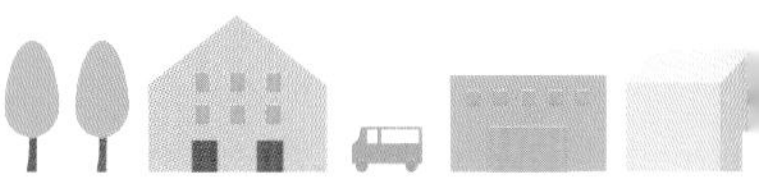

冬至的日照陰影變化

當東側及南側有建築物時

早上8點33分拍攝

東側建物的陰影籠罩整個基地。

早上10點07分拍攝

由建物間的縫隙透出陽光。

下午14點56分拍攝

南側建物的陰影籠罩整個基地。

足。因此在規劃格局之前，請先確認**每個季節的太陽高度，以及一天當中各個時間的日照變化。**

此外，也要特別注意冬季的日照狀況。例如，冬至的太陽仰角大約是夏至的一半，而冬至正午的日照陰影長度約是建築物高度的一・六倍。

沒想到冬季的日照陰影竟然這麼長！即使夏季的日照狀況沒問題，到了冬季，還是有可能發生太陽光無法照進屋內的情況，因此，建造住宅前一定要充分考量周邊建築物的位置及狀況。

採光條件較差的土地，在規劃住宅格局時必須考慮冬季的日照狀況。舉例而言，受到南側鄰近房屋的影響不易採光時，考慮改變建築物的形狀，由住宅的東側或西側引入陽光，也不失為是一個好方法。

或是考慮將公用空間移至二樓，私人空間則改在一樓，透過適當的空間規劃就可以確保良好的採光條件。

光線不足，也可以這樣做！

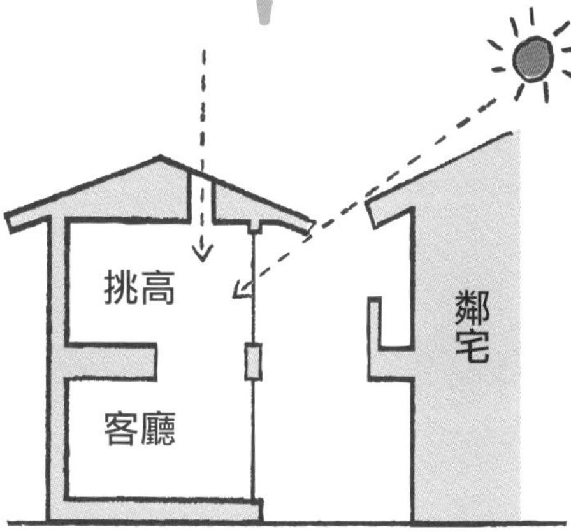

★挑高設計，讓陽光進入屋內

如果南側有鄰宅，到了冬天，陽光幾乎無法照射進一樓。這時可利用挑高設計或是設置天窗，改善一樓的採光狀況。

建築外觀「穿搭術」，用小巧思打造亮眼外型

為建築外觀增添趣味

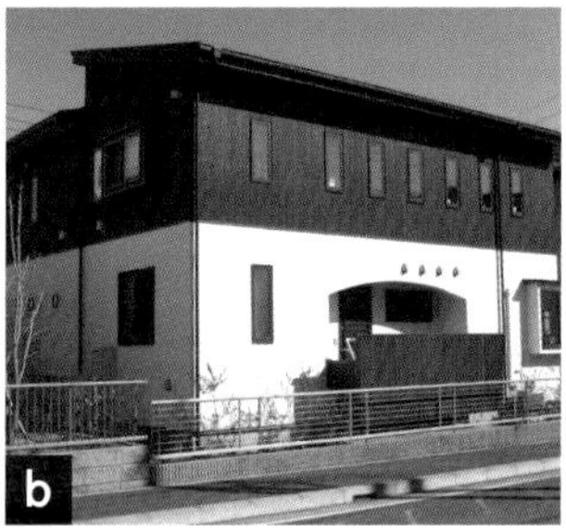

★用小巧思演繹出原創風味

(a)一樓及二樓均採水泥外牆，窗戶大小一致，使建物外觀更顯俐落。

(b)一樓為水泥外牆，二樓則使用以防腐塗料處理過的杉木。

(c)白色玄關的周圍以灰泥塗裝，一樓外牆的橫向護牆板與二樓的縱向護牆板相映成趣。

利用窗戶、外牆建材，讓建築外觀更活潑

雖然住宅內部的格局、裝潢很重要，但外觀設計也不容忽視。我希望建築外觀能讓每個人在外出回家時，都可以有種「這就是我的家」的安心感與自豪。然而，在講求外觀設計的同時，建築物外牆所使用的建材，也必須耐得住嚴峻的氣候考驗，並且容易維護，這些都是相當重要的條件。因此，**在打造美觀與實用兼具的外觀時，必須在建材條件與成本之間取得平衡。**

如果考量建造的成本，單調的立方體外觀當然可以省下不少花費，但是這種箱子般的立方體再加上陽台，不但造型毫無變化，也很難讓人打從

不同素材，帶來特殊印象

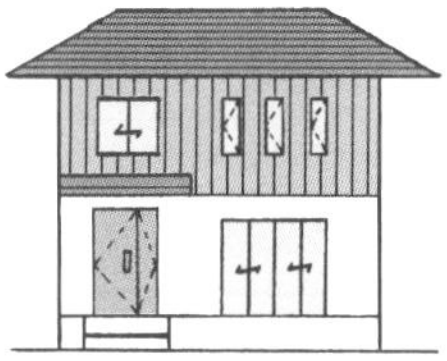

★木材與水泥牆面的上下組合

木質的溫和感搭配俐落的水泥牆面，讓建築物格外吸睛。

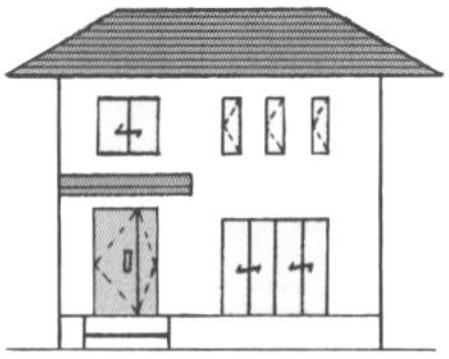

★水泥砂漿牆或水泥牆面

無接縫，簡約中帶有俐落的摩登感。

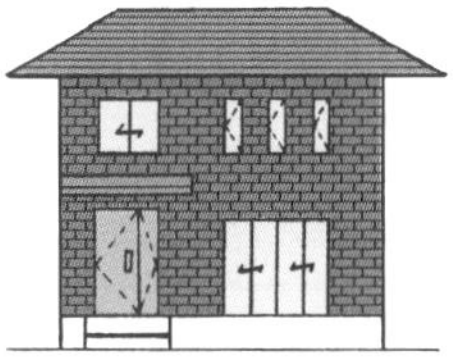

★磁磚

呈現穩重且高質感的印象。

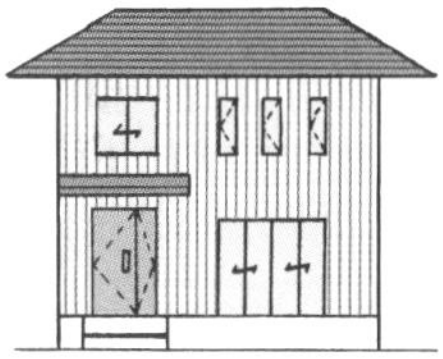

★金屬製護牆板

呈現敏銳的都會感，此外也有水泥製的護牆板。

外牆材質比較表

	木材	水泥	磁磚	金屬
價格	○	○	×	○
種類數量	△	△	○	○
耐衝擊性	○	△	◎	◎
耐火性	×	○	○	○
耐工性	○	○	△	○
維護保養	○	△	○	○

※ ◎：十分優異、○：優異、△：普通、×：不佳

心底喜歡吧！如果想將自宅外觀打造得有如高級飯店，不僅工程造價不斐，屋頂形狀複雜、維護也十分費工。因此，在「單調」與「複雜」間如何取得平衡，或許就是設計建物外觀的最大要點。**無論是外觀設計單調或是複雜，思考外觀的同時，也必須讓建築保有一定的寬深或深度，此外也可以在窗戶或外牆建材上花些巧思，讓映在牆上的陰影產生變化，彷彿賦予住宅活潑的生命和表情。**

近年來，市場上出現許多設計感十足的外牆建材或窗材，種類相當豐富，尤其是窗材，隨著使用方式的不同，可以傳達出不同的趣味。選擇外牆建材時，如果對顏色猶豫不決，不妨選擇可以與樹木搭配的顏色，例如象牙色、白色、淺灰色等高明度的顏色就是比較適合的顏色，這些顏色與樹木的色調有差異，因此具有相互輝映的效果。此外，想要使用比較特殊的色彩時，應考量周遭環境的顏色，不要過於特異，與周遭環境維持協調感也是很重要的事。

打造防風耐雨堅固宅，全靠「屋頂設計」

屋頂、屋簷、遮雨棚的基本功能

★屋頂的功能

屋頂的外觀設計固然重要，但「排水」也是不可忽視的重點。

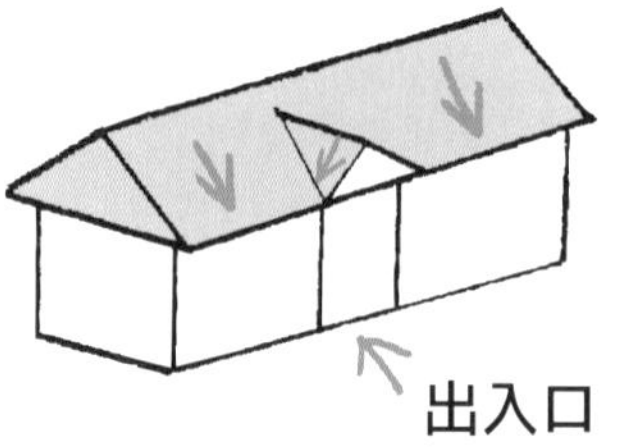

★屋簷的功能

屋簷具有遮蔽陽光及避免雨水潑進屋內的功能。關鍵在於屋簷的深度。

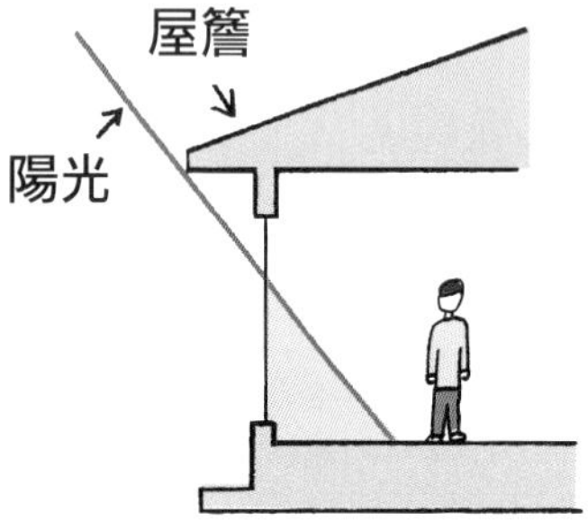

★遮雨篷的功能

遮雨棚與屋頂、屋簷相同，主要功能是遮陽防雨。可依房間用途設置遮雨棚。

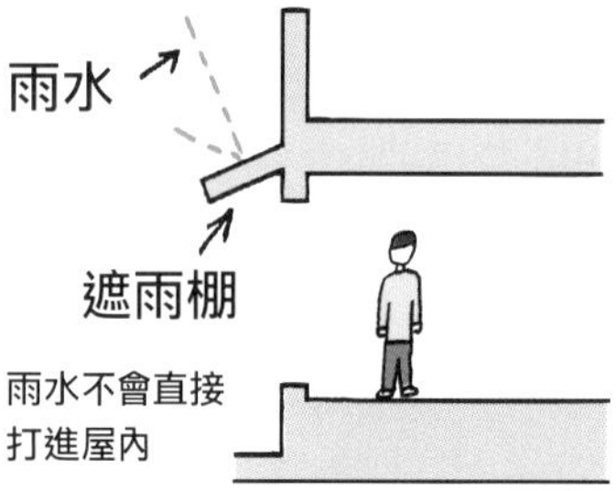

善用建材與設計巧思，對付潮濕多雨的氣候

屋頂是房屋當中最容易受到雨水、日光、風等氣候及自然現象影響的地方，也是住宅非常重要的一部分，所以絕大部分的人會將重點放在防水、隔熱等部分，至於屋頂的設計就沒那麼重視了。其實，為了因應氣候變化，屋頂的設計也十分重要，尤其在多雨的地區，如何盡快排出雨水也是不容忽視的一點，這就牽涉到屋頂的坡度，而屋頂坡度會影響整體的建築外觀，也是相當重要的因素。

現代住宅的屋頂坡度大多比較緩和，屋簷突出處較短，大家似乎都喜歡這種線條簡潔的設計。市面上已有不少防水性能佳的建材，只要妥善選

6種最具代表性的屋頂類型

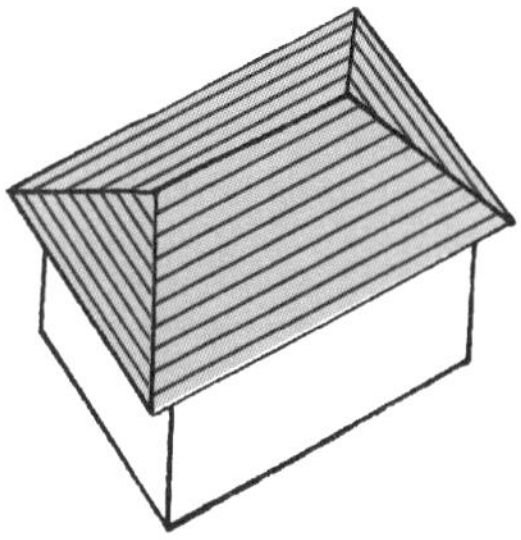

★四坡式屋頂

房屋四周有屋簷，外牆不易髒污，形狀具安定感。

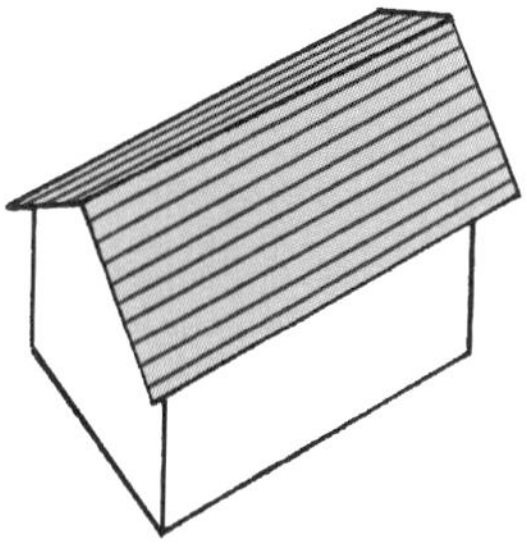

★雙斜式屋頂

最具代表性的屋頂類型，較長的一邊通常稱為平側，短邊則稱為妻側。

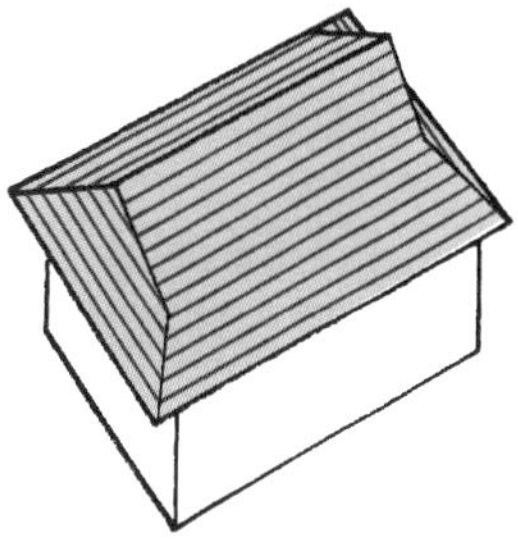

★歇山式屋頂

將四坡式及雙斜式屋頂加以結合，是寺廟經常採用的屋頂類型。

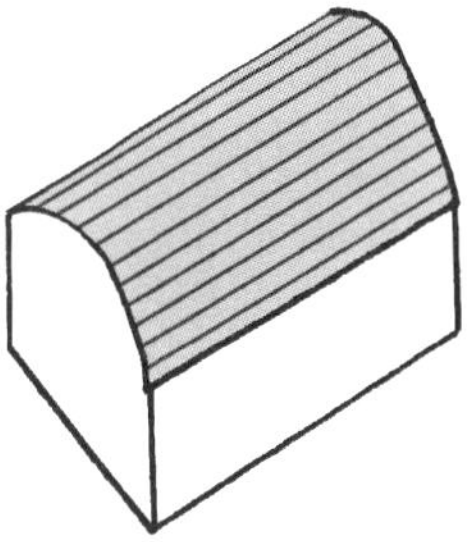

★弧形屋頂

可活用內部空間，是頗具特色的屋頂形狀，但精度要求與施工難度較高。

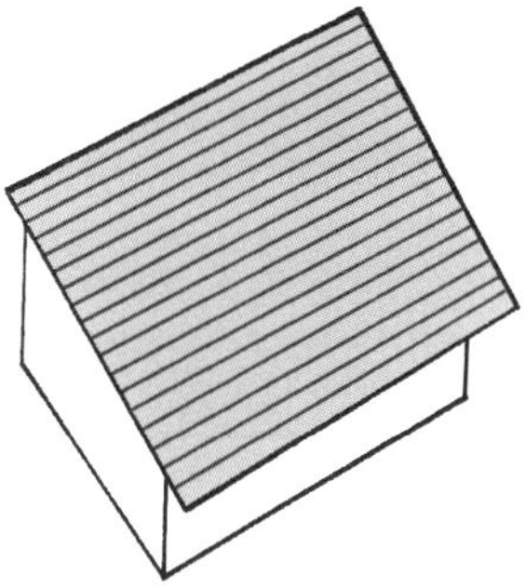

★單斜式屋頂

屋頂外觀簡約俐落。由於雨水流向同一方向，防漏水效果優異。

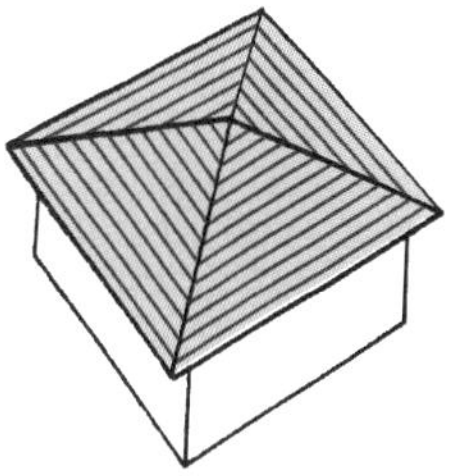

★攢尖式屋頂

屋頂的形狀方正完整，是常見的涼亭屋頂類型。

用建材，建造這種屋頂當然沒問題，不過一旦施工品質不好，這種屋頂就有可能會成為漏水的原因，因此我希望大家能對屋頂的形狀多加注意。

在規劃屋頂的坡度時，必須納入考量的因素包括：建築物的外觀設計、樑柱與樑柱間的距離、當地的風速、雨量等氣象條件，再依此決定建材。**而屋頂坡度也與建材有關，如果坡度比較緩和，就必須使用防水性能較好的建材。**

至於常見的屋頂形式，目前較具代表性的有「四坡式屋頂」及「雙斜型屋頂」，以這兩種屋頂為基礎，可以延伸組合出各式各樣不同的屋頂。然而，**當屋頂形狀較為複雜時，必須留意不要產生過多的溝槽，因為溝槽的數量越多，就越容易有漏水的疑慮。**此外，讓屋簷具有一定的深度，就可以讓雨水流下來的位置，儘可能遠離建築物，屋頂、屋簷、遮雨棚等都具排出雨水的功能，但重要的是在規劃屋頂、屋簷及遮雨棚形狀時，一定要兼顧排水功能。

室外環境規劃 ● **住宅高度**

天花板高度有學問，不是「越高越好」！

規劃前，先檢視住宅高度！

★基本型天花板

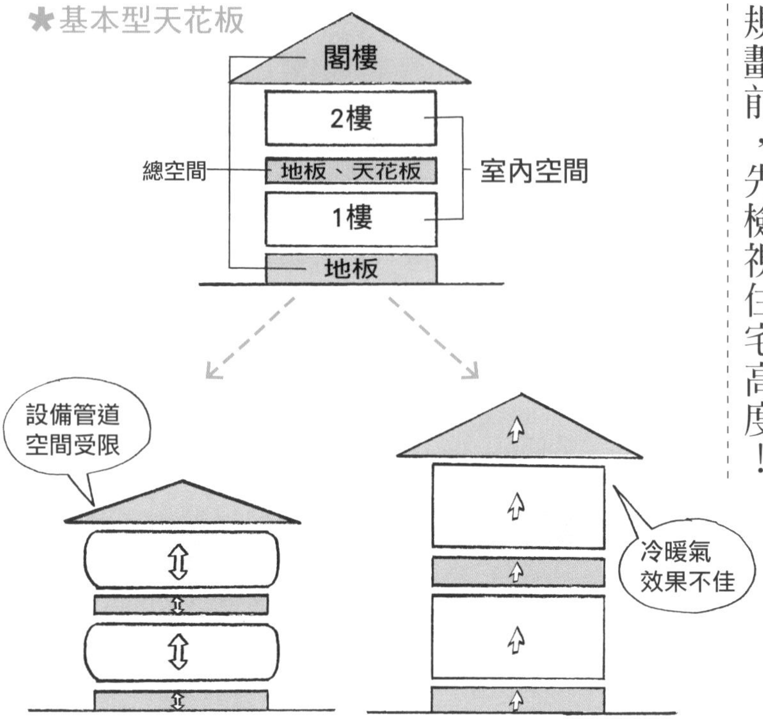

★低矮型天花板

若要降低建物高度，方法除了壓低天花板的高度之外，就只剩下減少樓板厚度這個方法了，但削減樓板厚度，可能會影響設備管道空間。

★挑高型天花板

我能夠理解屋主想挑高天花板的心情，只不過天花板有高度限制。此外，樓梯階數會隨著樓層高度增加，使每天上下樓梯成為一件苦差事。

除了「平面」設計外，也要思考住宅「剖面」

設計師在討論建築物的示意圖時，經常會說：「接下來討論平、立、剖……」所謂的「平」指的就**是平面圖，也就是一般人所說的隔間圖；「立」則是顯示東西南北四個方向的外觀立面圖；至於「剖」就是將建築物垂直切開，顯示出建物內部的剖面圖，而「平」、「立」、「剖」可說是剖析建築物的三個主要方式。**

以剖面圖來決定住宅內部高度，就和以平面圖來決定住宅格局一樣，在空間的規劃與配置上，都是非常重要的事。通常，樓層高度會在3公尺以內（不會超過3公尺）。所謂的樓層高度是指從下樓層地板面到上樓層

「恰到好處」的天花板高度是多少？

★以15公分為單位，逐步增加，找出適宜的空間高度。

門窗的內側尺寸為1.8公尺。如果以15公分為單位逐步增加，即為天花板的標準高度2.4公尺。建議可以以此為參考基準決定天花板的高度。

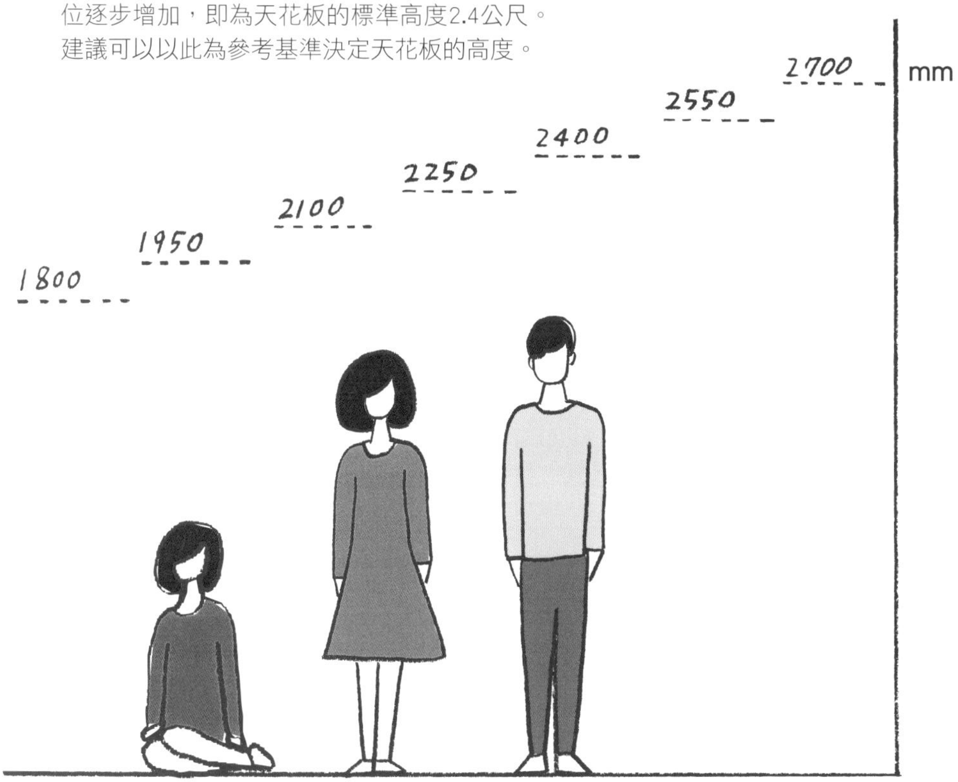

地板面的高度，假使樓層高度為3公尺，而天花板的高度為2.4公尺，就表示樓地板的厚度有60公分。

在討論建築物剖面圖時，必須充分思考細節再下決定，例如：如果要將廚房、衛浴等必須用水的空間設置在二樓，排水管的角度該如何配置？**如果想提高天花板高度，就要思考每階樓梯的高度，以及樓梯該有幾階等細節。**

客廳天花板的高度並不是越高越好，也不是隨自己高興就能胡亂調整。依據規定，客廳的最低高度為2.1公尺，而標準高度則是2.4公尺，比最低高度高出30公分。想要挑高天花板高度時，則必須以30公分的一半，也就是15公分為單位依序增加；製作櫥櫃等收納用家具時，基本上也是以15公分為單位，30公分、45公分、60公分……依序類推。如果要決定挑高天花板的高度，以15公分做為調整的基準，對於與其他部分的協調性或完成度而言，因為基準明確，也相對比較有說服力。

庭院不能只是綠意盎然，採光、西曬也要列入考量

規劃戶外空間的3大重點

1 建築物的配置

建造住宅前必須考量道路方位、人車進出通道、與鄰居的位置關係、採光及通風條件。決定建築物的配置後，接下來就是規劃戶外空間。

2 夏季的防曬、冬季的採光

建議於南側庭院種植高大的落葉樹，夏季用來遮蔽日曬，冬天落葉也不會影響採光。

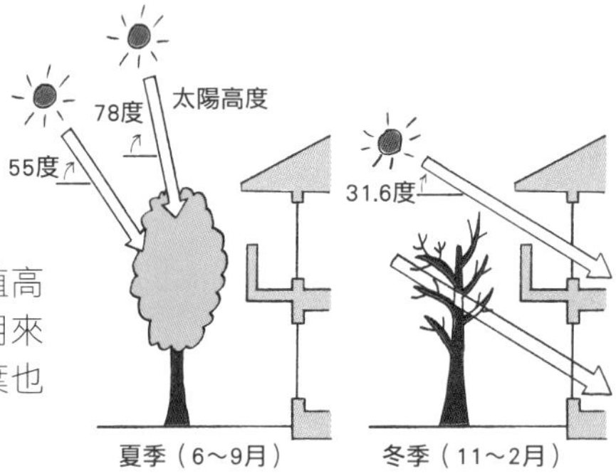

3 了解空氣的流動方向

在春季、秋季及夏季當中，最需要自然風吹拂的季節是夏季。不妨利用植栽，為室內引入自然的涼風吧！

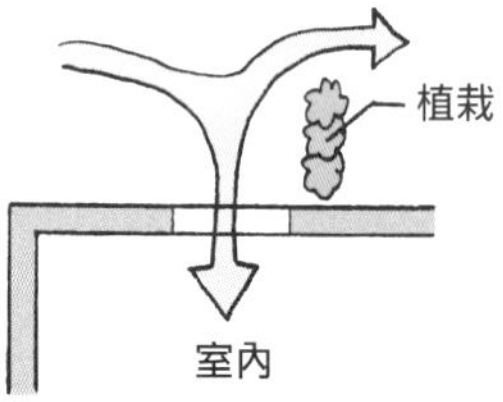

★庭院規劃有訣竅，7大重點完全掌握

提到庭園的設計與配置，以往常見的型態是委由園藝公司代為整理，近年來，大多數人則選擇貼自行規劃，讓庭院更貼近生活、重視機能，甚至有不少人開始從生態學的觀點思考庭園應有的樣貌。關於戶外空間規劃，我們應該注意什麼地方呢？接下來我將逐一介紹7項重點。

❶建築物的配置應如何規劃
❷是否考量到夏季的防曬（尤其是西曬）及冬季的採光
❸是否掌握風向
❹是否掌握降雨量
❺所種植的植物是否適合土地

參考實際圖例

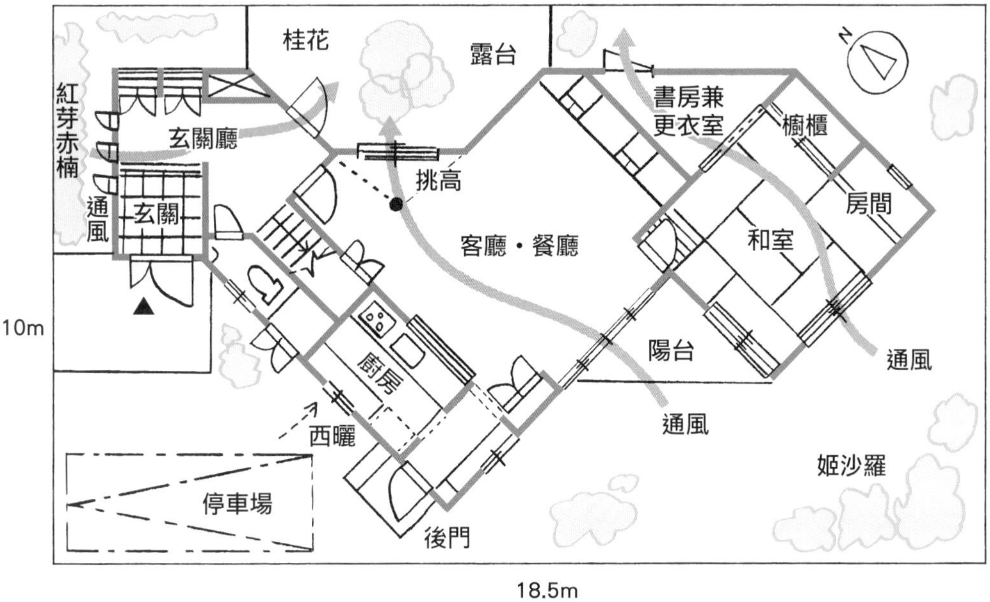

空氣的流動方向

- 從南側陽台到北側露臺，打造風的流動通道。
- 為了不讓空氣蓄積在玄關廳，另設置門通往露臺。
- 將書房兼更衣室視為凸窗，強化通風及採光。
- 建築物呈斜向狀態，東南西北均留有空間，有助於自然風的流動。

防曬與採光

- 南側種植落葉樹「姬沙羅」，北側露臺處則種植常綠性灌木「桂花」。
- 從露臺可獲得光線。
- 於基地與道路間種植紅芽赤楠做為緩衝區。
- 考量西曬問題，儘量縮小西側廚房門的面積。

建築物的配置方式

- 基地寬幅10m、深度18.5m，並未朝向正北方。起居室與餐廳的牆壁與正北方垂直。以此牆壁為軸，為了讓南側及北側呈現開闊感，因此分別設置木製陽台及露臺。
- 建築呈斜向狀態，雖然沒有完整的庭院，卻讓每個房間都能享受不同的空間樂趣。
- 採人車分道設計。玄關門的方向與道路呈90度角，停車場與廚房距離不遠，購物返家時可以就近拿進室內，既輕鬆又方便。

❻是否考量水管的管線配置
❼是否考量道路、鄰近住宅的高度、窗戶位置、空調的室外機及其他機器的位置

其中❶、❷、❸項尤其重要，**決定建築物的配置時，必須考量日照與通風的狀況，接著才討論剩餘空間的運用**。在此同時，確認道路與通道的位置、玄關與停車場的位置、與鄰近住宅間的距離等，也都是很重要的細節。與內部空間有關的戶外空間包括陽台、木造平台、中庭與院子等，這些是土地與建築物連結的方式。

此外，也要考慮由室內望向室外的視線因素，因為植栽並不只是單純的種種植物，也要考量與室內的平衡感及節奏感，最好是既能欣賞綠意，又能為生活帶來舒適的感受。最後，也別忘了避免夏日的酷熱西曬，到了冬季時則必須注意採光，從西側引入溫暖和煦的陽光，同時也要留意風的流動方向。

花草流水、鳥鳴啁啾，你也可以擁有夢想小花園

自然中融合人為巧思，打造適合全家人的院子

人類自古以來就有「與自然共生」的思想，對居住者而言，庭院可說是生活型態及空間的延伸，因此，庭院設計的重點就在於展現居住者的特色、營造輕鬆舒適的空間感受。

庭院最大的魅力在於人的想法灌注在其中，與大自然中的花草樹木互相調和，創造出兼具「自然」和「人為」的美感。不過，大多數人總在建造初期對園藝充滿熱情，過不了多久就因滿園雜草而興趣大減，這種情形也讓人挺頭痛的。其實不同型態的庭院，也有不同的目的及功能。例如：

● **主庭：於建物的南側或東側，容易**

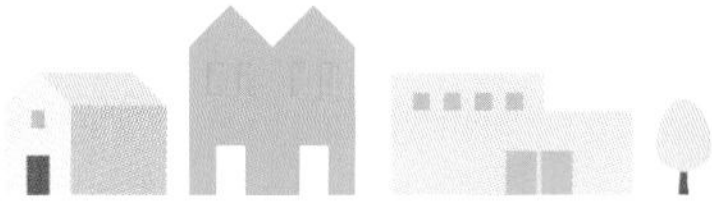

享受庭院樂趣各種巧思

★一座鳥兒會來造訪的庭院

在庭院裡觀賞小鳥也是一種樂趣。種植會結果實的樹木，或是設置給鳥兒嬉戲的水盆，都能吸引鳥兒來此造訪。

★潺潺流水的療癒空間

建置生態環境池或是潺潺水流聲，都能讓人感受大自然的氣息，孩子也能在庭院中學習與自然環境相處。

庭院的功能與目的

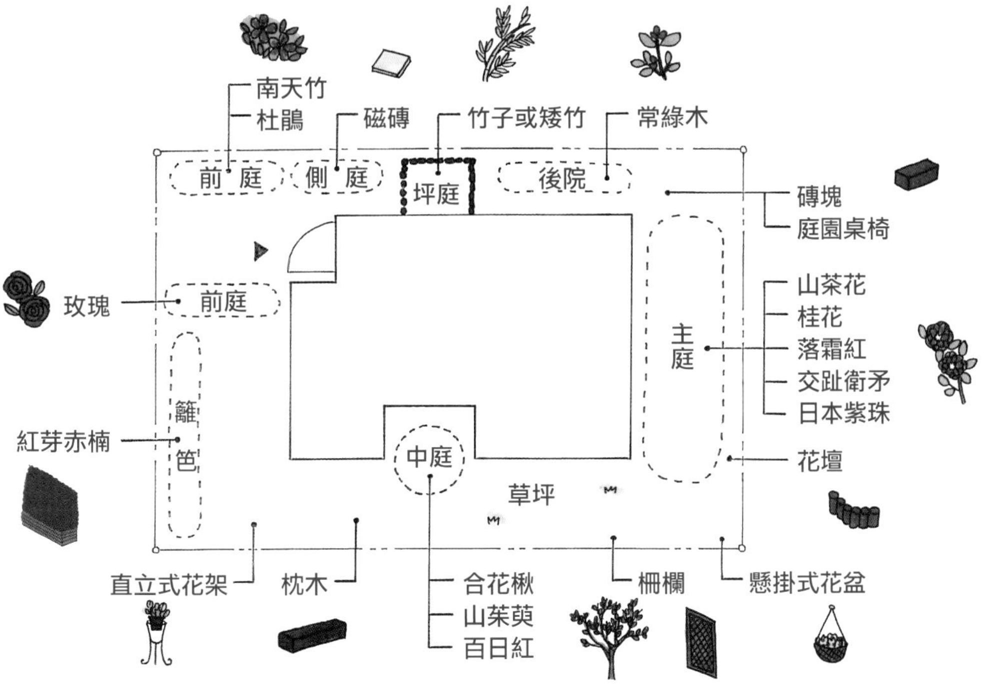

★配合目的，選擇栽種的植物

庭院各有不同的目的與功能，打造庭院的重點在於適合家人的生活型態，而且與建築物的關係密切。

展現出居住者風格

- 前院：位於大門與玄關間，重點在於給人清新雅致的第一印象
- 中庭：設置於建築物內部，可以幫助採光或通風，做為休憩場所
- 坪庭：以坪為計算基準，以搭配樓梯、走廊、和室、浴室等零碎空間
- 後院：可做為置物、曬衣或放置腳踏車的空間，兼具實用性質
- 側庭：具有連接前院、主庭、後院等各庭院的功能

在這個充滿壓力的現代社會裡，如果空間許可，為住宅建造一座具有野性色彩的庭院也許是個不錯的辦法！例如，可以聆聽潺潺水流的庭院，或是小鳥會來造訪的庭院。像英式庭園一般充滿自然景色，清澈的水從牆上緩緩流下，靜靜享受潺潺流水聲。**如果希望小鳥造訪，可以在庭院中設置飼料台，或是供小鳥玩水嬉戲的小池子**，種植會結果實的樹木也是很好的方式。最重要的是建造一座適合自己家人生活方式的庭院。

在玄關前設置一段通道，讓「回家的路」更有溫度

考量街景與周邊環境，打造舒適安心的返家路

這裡要討論的是從外側道路到玄關的這一段路，這段路是出入口，也是送往迎來的重要通道，除了讓返家的家人、來訪客人感到愉悅舒服之外，在規劃時也必須考量防盜對策、維護隱私。

市中心與都市近郊的住宅，因為土地面積的關係，通常道路與玄關之間很難保有寬敞的空間，雖然如此，我還是不希望省略這一段通道，直接由道路進入玄關，因為這段通道能夠轉換返家者的心情，讓人更有回家的感覺。**如果空間狹窄，可以將玄關轉向九十度，設於側面不要正對道路，如此一來就能增加通道長度，緩和進入家門前的情緒。**

散發均衡美感的通道設計

★均衡配置

通道鋪設石板的方式，搭配均衡配置的庭院植栽，演繹出協調舒適的空間美感。

★規劃動線

種植於庭院中央的植物，肩負連結建築物與車庫的凝聚功能。同時創造人車分道的動線。

各種通道的規劃圖

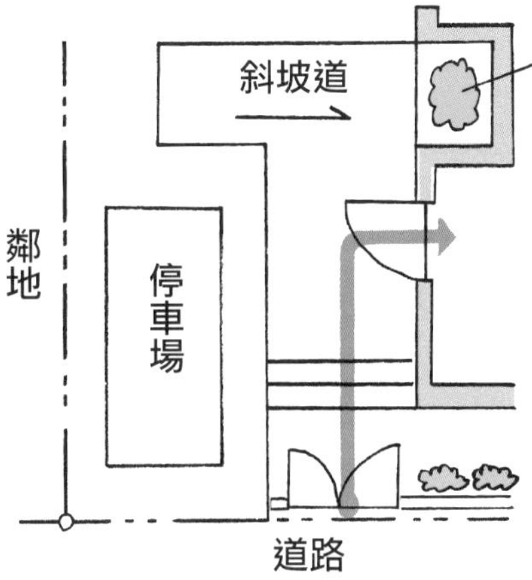

★南側通道與玄關

道路位於土地南側或北側，而且尚有多餘空間時，設置斜坡道也是不錯的想法。

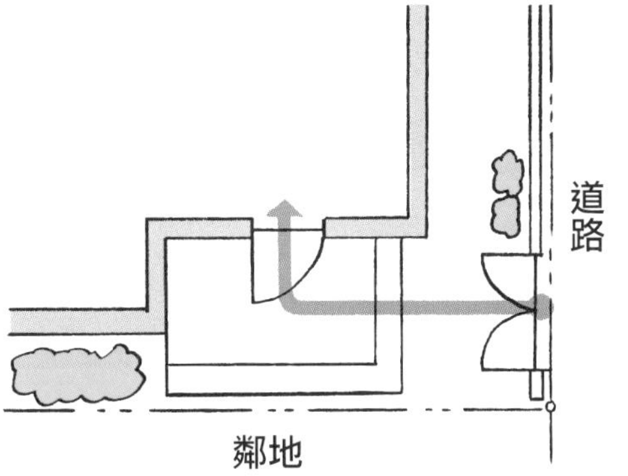

★東側或西側通道與玄關

即使道路位於東側或西側，還是可視土地條件規劃道路進入停車場、玄關的路線。藉由流暢的動線為通道打造沉靜氛圍。

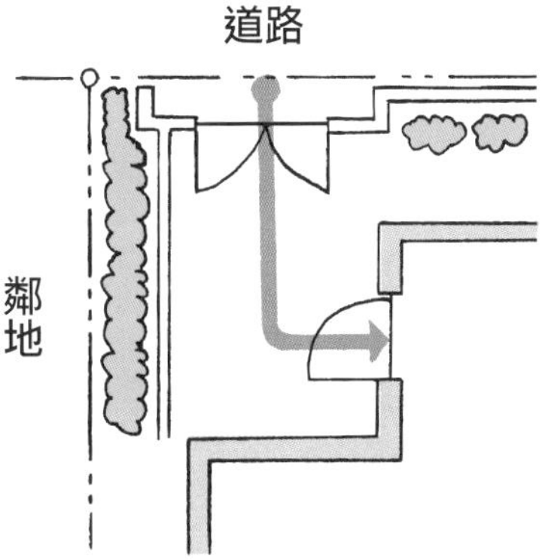

★北側通道與玄關

道路位於土地北側或南側且空間不足時，與其直接進入玄關，不如將玄關設置在另一面，讓90度轉角成為能稍作喘息的空間。

通道會影響道路與土地間的位置關係，而通道與外側道路之間的關係也會影響停車場的位置，另一種方法是依照土地的周圍環境與日照情況，規劃通道、玄關及停車場的位置。例如，下雨天開車外出購物，返家時可能會面臨被雨淋濕的問題，或是要優先考量建築物的採光。這些細節都很值得討論，但我想提醒各位，**盡量避免從客廳的空間就可以看見停車場**，室內是有生命、有溫度的有機空間，因此從室內就可以看到冰冷的無機物，會讓心靈無法沉靜。

走在街道上，會讓人感得舒適的住宅區，除了每戶人家匠心獨具的設計外，也包括了每棟建築對街廓景色的那一份用心與顧慮，不是嗎？我們走在其中，就能感受到住戶們柔和與親切的心。相反地，**如果整排住宅都以圍牆重重環繞，就會產生拒人於前里之外的印象**，因此在擬定建造計畫時，也請務必考量與周邊環境的協調感喔！

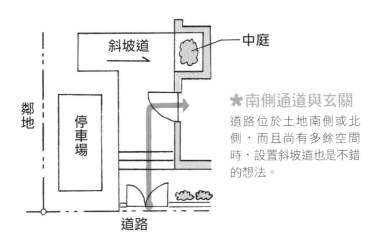

室外一施工就無法改易，請確認清楚，避免鄰居紛爭

室外規劃最常忽略的問題

★建築物外牆的設施

事先與工程人員討論接戶點或是外牆裝設物的位置吧！

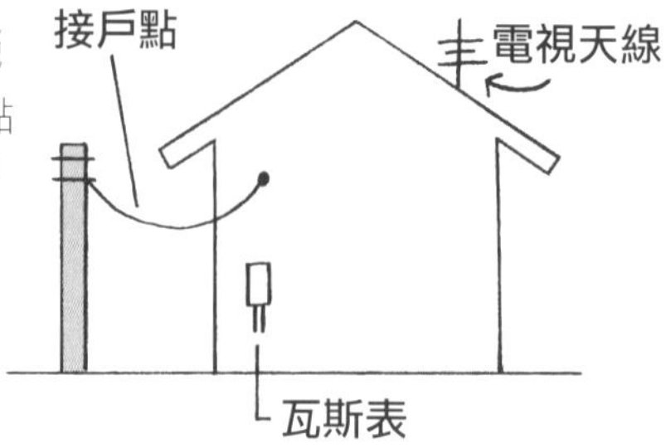

擺放何處？

有收納空間嗎？

★屋外工具的擺放處

別忘記規劃腳踏車、摩托車、室外用掃除工具的收納空間喔！

★室外機的擺放位置

室外機過於靠近牆壁或其他物品時，可能會引起短路或故障，不得不慎。

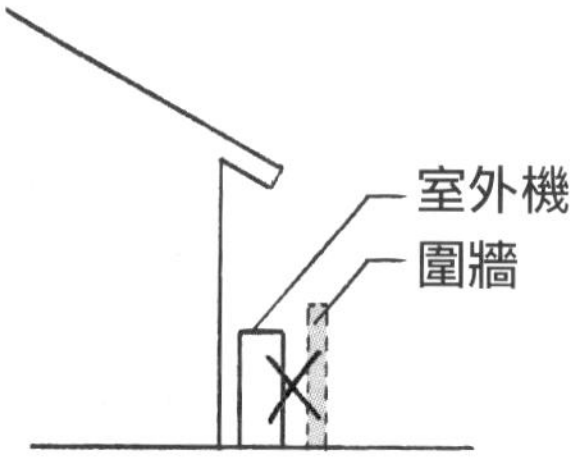

建造前的「最終檢查」，三大項目再次確認

針對室外環境，必須清楚確認的項目包括：地盤狀況、相關法律規定，以及基地周邊的狀況。尤其是與鄰居的紛爭，這應該是大家都避之唯恐不及的問題吧！而什麼事情容易引起鄰居間的爭議呢？例如，原本2戶之間應有的分界樁未設置、測量圖面與分界樁不符等，到了改建前才發現這些問題，已經為時已晚。

室外環境的確認項目大致上可分為三大類，分別是建築物的配置、戶外空間以及外部設備。其中與鄰近住宅有關的項目，如果能事先整理歸納，日後也會比較方便。室外環境與室內裝潢最大的不同是，建造後無法更動，這一點請各位務必留意。

Check！室外環境規劃的主要項目

	項目	確認
1	是否已確認土地範圍內日照條佳的場所及景觀好的方向？	☐
2	是否已設置與鄰近住宅間的分界樁？	☐
3	確認道路寬幅是否會影響車子進出？	☐
4	鄰地分界線與外牆面的距離是否超過50公分？	☐
5	是否有部分工程必須進入鄰地才能施工？	☐
6	決定建築物的高度時，是否已確認高度的基準點？	☐
7	確認道路與玄關地面的高度差異，階梯的階數、高度、梯面是否恰當？	☐
8	是否已確認玄關地面與一樓地面的高度差異？	☐
9	鄰居家的窗戶與預計建造房屋的窗戶位置是否重疊？	☐
10	空調室外機、熱水器、經濟型熱水系統、家庭用燃料電池的設置空間與日後的維修檢查空間是否足夠？	☐
11	與鄰近土地有高度差異時，是否已思考擋土牆等因應對策？	☐
12	是否已確認車子的種類、尺寸、進入車庫的車道、車門的開啟與關閉等，停車場的空間是否足夠？	☐
13	停車空間的側邊或後面是否設置室外機、熱水器、雨水管等設施妨礙停車？	☐
14	道路與土地有高度差異時，是否已確認車子進入車道時有無磨到車底的可能性？	☐
15	是否思考過豪大雨時的雨水排出對策？	☐
16	選擇樹木或植栽時，是否有考量植物長大後的高度？	☐
17	是否有考量到隱私或防盜對策？	☐
18	是否有想過放置腳踏車的場所？	☐
19	是否需要設置擺放水管、掃帚等掃除工具的收納空間？	☐
20	接戶點的位置是否會影響外觀設計？	☐
21	電表、瓦斯表的位置是否會影響外觀設計？是否設置於容易抄表的地方？	☐
22	是否已確認排水槽及水表的位置？	☐
23	是否已確認熱水器的位置與鄰居家的距離？ (有些鄰居會對於熱水器的聲音或發熱等問題提出抱怨。)	☐
24	是否已確認庭院的灑水用水龍頭或立柱式水龍頭要裝設在何處？	☐
25	是否因應使用目的於戶外設置插座？	☐

column 2

用住宅實現多年理想

以下案例是與眾多委託人討論的過程當中，讓我印象深刻的案例，這次要與各位分享的是一位75歲老婦人實現夢想的故事。

打造「人生的戲劇場景」，不論幾歲都不嫌晚！

故事的主角是一位七十五歲的女性，她的丈夫在幾年前就過世了，儘管如此，她還是想委託我替她改建房子。改建房子的動機是一部以前曾經看過電影，那幕場景裡的螺旋梯，讓這位老婦人久久無法忘懷，在有生之年無論如何都想在那樣的空間裡住上一回。她說自己一直掛念著，心想哪天若有機會改建房子，一定要建造一座螺旋梯，因為她想生活在有螺旋梯的房子裡。

我知道原因後相當訝異，無論是她的年齡還是改建動機都讓我驚訝不已，但在驚訝之餘，我深切地體認到住宅與人之間不可分離的關係，住宅可以發揮莫大的功能，甚至可以是創造人生戲劇的場景！與這位婦人討論的過程中，我不僅深刻的反省了自己狹隘的想法，同時也激發出新的觀點，表面上是這位擁有少女情懷的婦人來向我請益，事實上卻是我上了一課。

我盡力達到她的期望，完工後再次拜訪時，這位75歲的老婦人帶著大紅色的帽子，慢慢地走下螺旋梯，歡迎我的到來。當時的模樣彷佛是電影場景的一幕。她的笑容充滿活力，讓我印象深刻。而我也因為能夠協助完成她的夢想，心中感到滿足，這是用錢買不到的充實感，是身為建築師的最大幸福！

通常委託我建造透天厝的顧客，多半介於三十五歲至四十五歲之間。考量孩子的成長或住宅貸款，這個年齡層或許是最適合的時機吧！然而，建造住宅並沒有「適齡期」，只要有意願而且資金等各項方面都沒有問題，不管任何年齡**都是建造住宅的最佳年齡！**

第3章

從室內空間規劃中，找到「家的味道」

設計出方便好用的住宅格局，
重點在於按照用途擬定「分區計畫」，
只要先決定空間的功能性，
其餘細節就會跟著一一定位！

24

室內空間設計 ● **規劃室內空間之前**

捕捉腦中湧出的畫面，一同構築「家的意義」

表現住宅意象的六大關鍵詞

連結

蘊奧

規劃住宅格局之前，先了解「六大關鍵詞」

「想住在怎樣的房子裡呢？」一面對每位來事務所討論的客戶，我都會先提出這個問題，但是能夠明確回答的人卻少之又少。不過，這也是可想而知的事，因為大多數人都是第一次建造自宅，與住宅相關的經驗就只有兒時的家，突然要他們思考住宅格局，腦中浮現的畫面與家中現有格局相似，也是理所當然的事。

有鑑於此，我想提出下列建議：**任何一種建造物，都可以運用語詞的力量形容它，當腦中出現一個詞後，不可思議地其他想像畫面也會隨之湧出。**現在就試試看吧！當你在思考家人或住宅時，腦海中會浮現什麼詞？

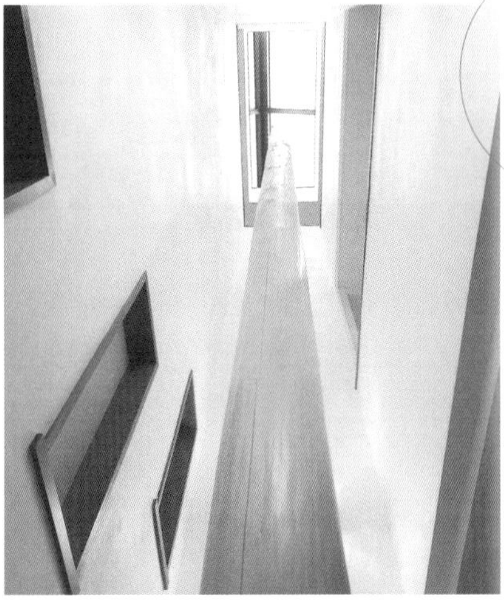

傳達

聚集

環繞

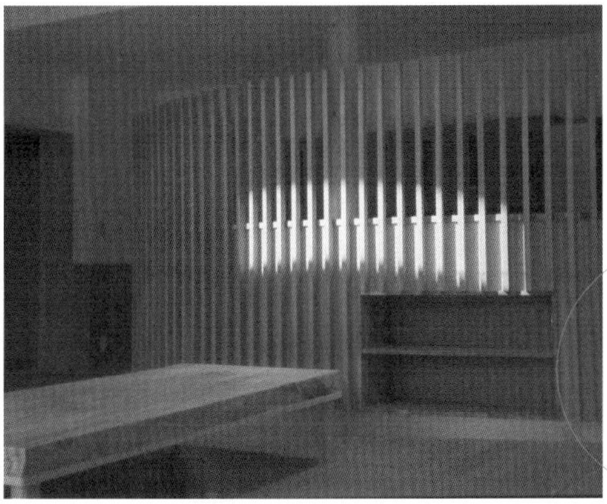

透光

試著把它紀錄下來。

以下舉出六個關鍵詞做例子，在思考住宅格局時，這些都是我常用的語詞。

❶連結：不只是連結房間與房間，也連結家人間的情感

❷傳達：柱子或外露的樑，將舊房子的部分建材回收再利用，化作你想傳達給子孫的訊息

❸聚集：透過壁爐或家具配置，打造家人團聚的空間

❹蘊奧：重現土地原有的樣貌

❺環繞：在住宅內營造出四圍環繞的安心空間

❻透光：就由毛玻璃、連續式縱格或是橫格等透光手法，巧妙的將光線導入室內

我認為住宅的重點，就是融入人的想法。與家人一同討論表現住宅格局的關鍵詞，不僅是建造住宅的樂趣，也是第一步。

25

室內空間設計 ● 決定家人同聚的空間

家人能彼此談天的地方，就是最好的「團聚場所」

這些都可以是家人團聚的場所

★地爐

舊式建築中，家人聚集的地方就是地爐。具有暖氣、煮食及照明的功能。

★壁爐

屬於暖氣裝置的一種，其實不只是取暖，據說火焰對人類也具有吸引力。

★戶外烤肉爐

促進交流對話的BBQ時光。烤肉時自然產生交流對話的機會。

在室內規劃中加點巧思，創造一家團聚的和樂時光

如果被問到建造住宅最大的目的是什麼，我想應該有很多人會回答「團聚」吧！

在過去以家庭為主題的連續劇裡，家人團聚最典型的畫面就是全家人聚在一起吃飯，不過對現代人而言，團聚吃飯的畫面卻漸漸陌生了。

這或許是因為現代人的生活型態非常多樣化，逼不得已只好分開來用餐，或是一個人獨自用餐吧！然而，這也間接導致了家人間關係日漸疏離的問題。

一九六〇年代前期，我們開始漸漸意識到「團聚」這個詞的重要性。從這個時期開始，個人主義的想

★餐桌

透過用餐，傳遞出家庭重視每位成員的意涵。

★中島型廚房

烹調佳餚時，一旁就是餐桌的廚房型式，自然形成凝聚力。

★沙發

不同的配置方式，對話交流的型態也會有所不同。

★半戶外式陽台

位在室內與室外中間的陽台。不同的氛圍感受，讓人輕鬆閒聊的空間。

★矮茶几

大家圍繞著矮茶几，開心大啖美味料理，成功串起全家人的心。

法也展現在住宅格局上，隨著「My Home」概念的出現，大家逐漸開始重視客廳、餐廳、廚房等公共空間。

進入一九七〇年代後，隨著住宅戶數不斷增加，核心家庭儼然成為主流，也就更加意識到「家庭團聚」的重要性。

「團聚」這個詞不同於煮飯或睡覺，本身沒有明確的定義。團聚的意義是家人聚在一起，開心的交談聊天，但是當孩子長大後，全家人在同聚一堂的機會就越來越少。團聚的樣貌也會隨著生命循環而產生變化。

正因如此，**為了讓家人產生相聚的意願，必須在家中創造出有向心力的空間，增加彼此接觸的機會，感受彼此關愛的距離感與視線，這些都是在室內空間規劃時必須注意的部分。**

我認為深入思考該以什麼形式團聚，如何吸引大家團聚，其實就是將心目中理想家庭的樣貌，實際地描繪出來。

26

室內空間設計 ● 掌握室內面積

進行「分區計畫」，掌握生活的必要空間

將室內空間以「區域」劃分

★執行「分區計畫」

所謂的分區計畫，就是將建物空間按照功能或用途加以歸類，同時有效率的配置空間。

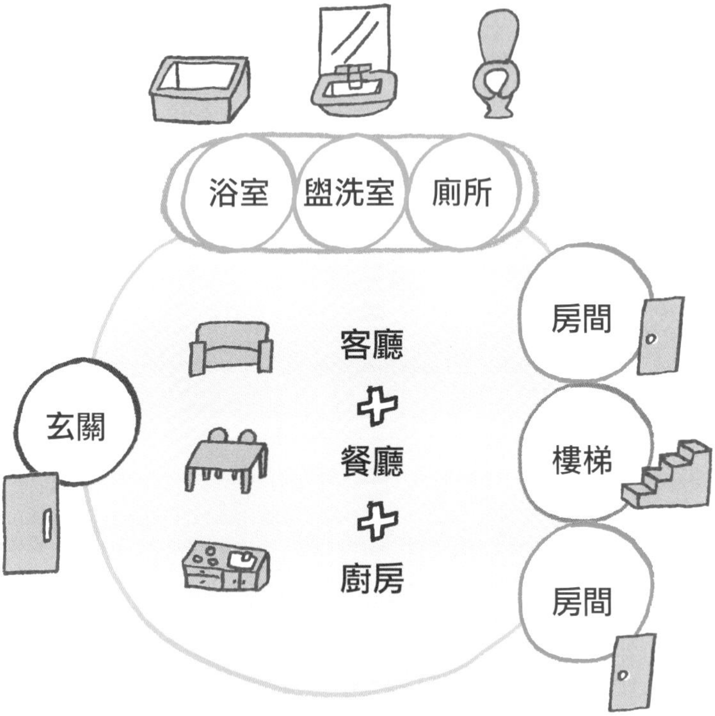

餐廳、客廳、廚房，公共空間要規劃在哪？

住宅內包括各式各樣不同功能的房間，例如：玄關、走廊、客廳、餐廳、廚房、臥室、浴室、廁所、儲藏室……，這些房間所需要的面積，會依全家的需求而有所不同。

當然，每個人都想擁有既寬敞又舒適的空間，但而現實是殘酷的，在土地面積狹小、建築規定又嚴格的情況下，勢必會出現面積不足的問題。

此外，也必須考量預算問題，如果不事先試算每坪單價，最後就只是「畫餅充飢」，陷入空有想法卻無法實現的窘境。

為了粗略掌握生活所需的面積，必須先將空間加以分區，例如：

區域與區域間，如何連結？

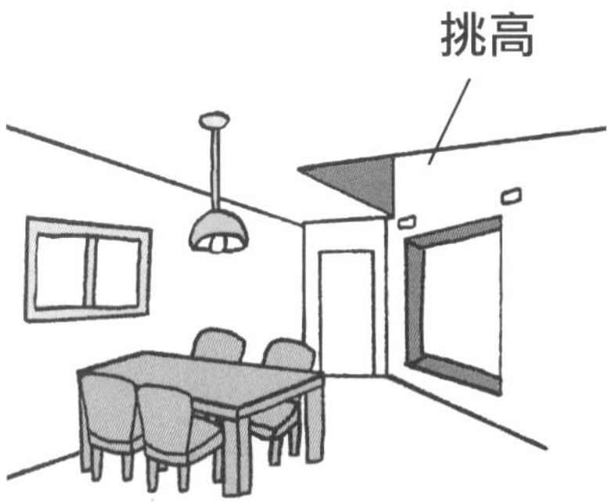

★哪裡適合挑高？

將餐廳或其他公共區域採挑高設計，藉由天花板高度呈現寬敞空間感。

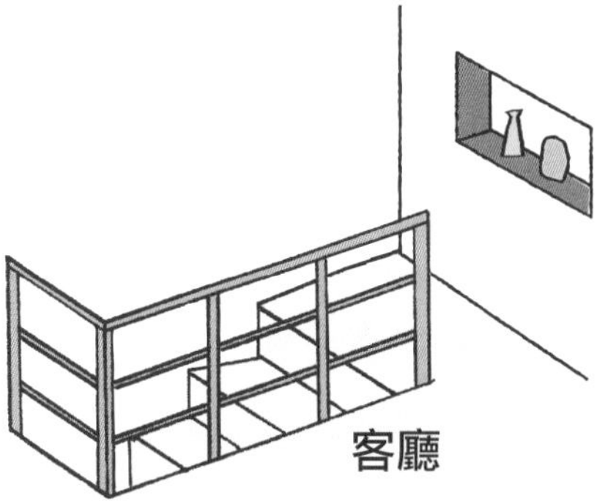

★樓梯只能做為通道區？

樓梯也是連結各樓層的公共空間。

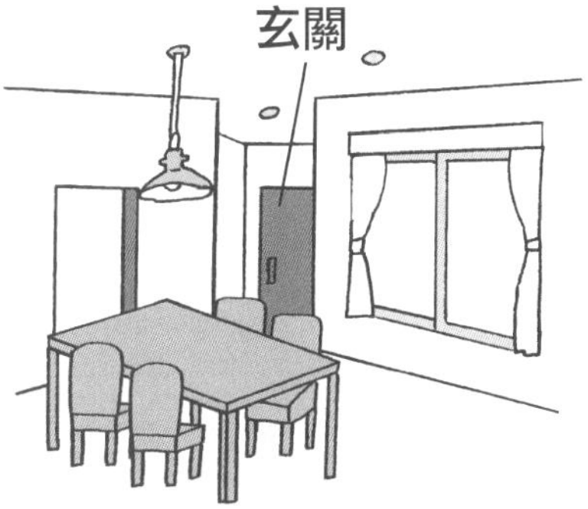

★出入口的位置

玄關直接連結公共區域也是一種方式。

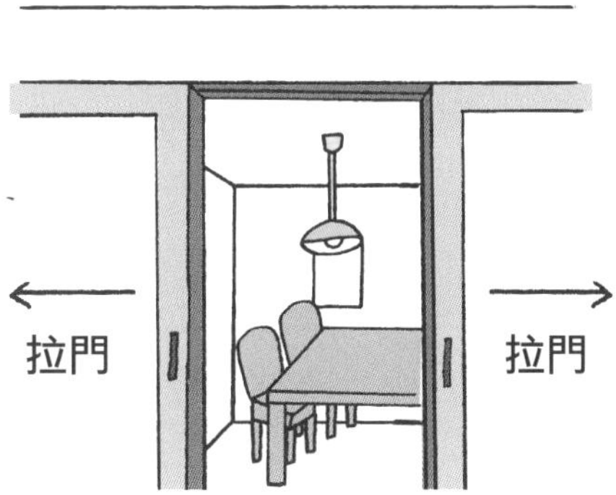

★利用拉門分區

可依用途變化，以拉門彈性區隔空間。

❶客廳或餐廳等「公共區域」
❷臥室或小孩房等「私人區域」
❸浴廁、更衣室等「衛浴區域」
❹玄關或廚房門等「入口區域」
❺走廊或樓梯等「通道區域」

關於住宅面積的參考基準，假設地板面積約為三十五坪至四十坪，則客廳、餐廳約需七坪至八坪、主臥室約四坪、小孩房約三坪（如果有兩名子女則乘以二，以此類推）、和室三坪。

上述空間小計約二十坪，剩下的十五坪至二十坪空間則做為❸衛浴區域、❹入口區域，以及❺通道區域的空間。

公共區域要配置在採光最好的位置喔！當然也要考量周邊的環境，以及道路與玄關的位置關係。公共區域的位置會影響住宅格局的基本型態，請務必要多花點心思規劃！

27

室內空間設計 ● 樓梯的位置

以玄關、樓梯爲起點，決定整體空間的配置方式

確認玄關與樓梯的位置吧！

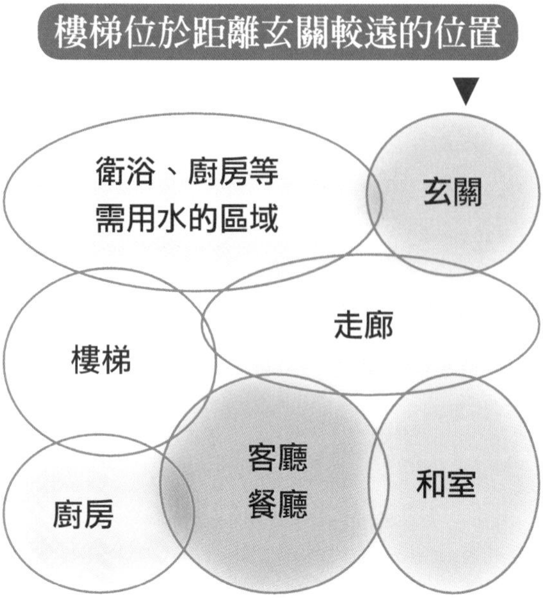

優點

- 增加與家人碰面的機會。
- 容易配置廁所、浴室等空間。

缺點

- 由於走廊變長，成為以走廊為中心的住宅。
- 為了不使走廊變成無法利用的空間，必須思考適切的因應對策。

樓層間的「生活動線」，會決定住宅的格局！

完成分區計畫後，接下來就要規劃生活動線。生活動線就是以行走的路線來連結各區域，因此規劃時要想像每位家人的生活行為與模式。主要的動線有以下幾種：

- 通道動線：連結各個房間、客廳或玄關的動線
- 家事動線：煮飯、洗衣、打掃等家事的動線
- 衛生動線：前往廁所或浴室的動線
- 來客動線：客人來訪時的動線

基本上要盡量縮短動線的長度，

樓梯位於靠近玄關的位置

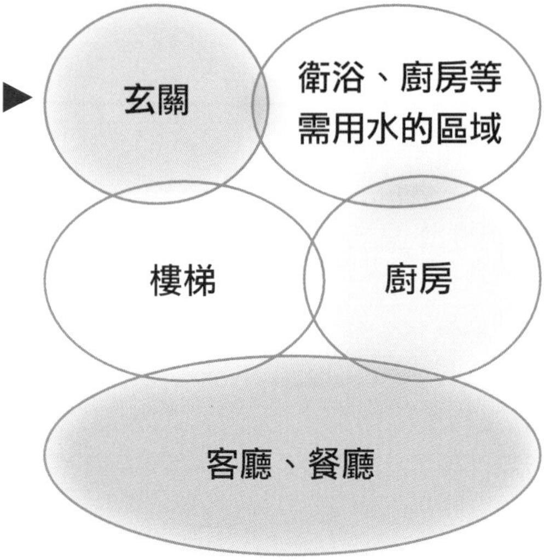

優點

- 減少走廊空間。
- 可縮短家事動線。

缺點

- 玄關進來的冷空氣容易吹進二樓。
- 進玄關後即可直接上二樓的房間，減少與家人碰面的機會。

樓梯位於住宅的正中央

優點

- 容易規劃二樓的空間配置。
- 無須規劃走廊，將樓梯入口設置在客廳。

缺點

- 房間之間的連結，有可能會被樓梯從中分隔。
- 有過於緊密集中的傾向。

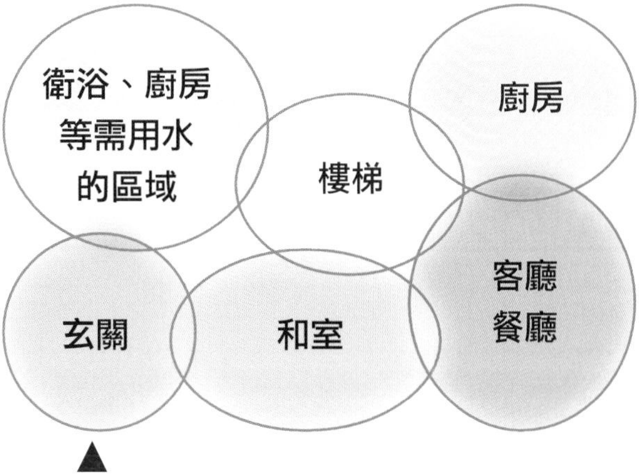

尤其是耗費體力的家事動線，或是衛生動線，都要越短越好！通道動線則可分為連接屋外與屋內（玄關）、連結屋內各區域（走廊），以及連結樓上與樓下（樓梯）三種，宛如家中的「轉運區」，尤其連接樓上與樓下的動線，更會決定整體住宅的格局，是十分重要的生活動線。

樓梯可說是規劃住宅格局的關鍵，對家人間的親疏關係也扮演著重要功能。從玄關可直接上二樓，還是必須通過公共區域才能上二樓？配置方式的不同，將大幅影響住宅的格局。

樓梯也是各樓層的「起點」，尤其是三層樓的建築，即使一、二樓能夠妥善執行分區計畫及動線計畫，往三樓移動的動線距離還是相對比較長；相反地，**樓下的樓梯會切割空間，使得縱向空間難以設計規劃，**如果能夠巧妙連結縱向空間，不僅容易設計各樓層的格局，也可以促進家人間的關係。

28

室內空間設計 ● **營造空間感**

花些巧思，小坪數住宅也能有遼闊的「空間感」

連結空間，營造整體感

★以「挑高設計」連結一、二樓

採用挑高設計的空間，由一樓往上看，雖然沒有特別的感覺，但是由二樓往下俯瞰時，會覺得空間十分寬敞，這是二樓地板不連貫所產生的錯覺。

善用「視覺柔和感」，讓心情穩定平和

我覺得室內格局規劃，就像在便當盒內均衡地放入各式各樣的配菜，而所謂的居家空間規劃，就是依照用途與功能，配置各種不同的房間居家空間。

相較於自然的不規則狀，我們的生活起居，多半位於四方形的堅固空間之中。雖然置身在方方正正的空間內，我們的身體並不是規規矩矩的四方形，因此，**倘若能使屋內呈現環抱的空間感、柔和的視覺感受，就能使人的心情沉穩祥和。**

這裡所說的柔和，指的是視覺上的柔和感，營造視覺柔和感的關鍵在於運用視角與視線的心理作用。例

★小面積挑高設計

即使是小面積挑高，也能從不同樓層的空間感受家人的存在。▶

★互動式挑高設計

採用大面積挑高設計，以四支圓柱搭配傘狀造型的頂蓋，就成了聚集家人的巧思。◀

★彷彿身處相同空間

透過挑高設計，連結下方的客廳與上方的走廊。▶

★營造向心力的挑高

配合採光方向的挑高設計。從上方灑落的光線，為住宅帶來向心力。◀

如：挑高、走廊及樓梯都是屬於功能性十足的公共空間，如果能藉此營造出住宅的景深及立體感，就會讓空間具有方向性，進而創造視覺柔和感。

「挑高」讓小家更寬敞，提升居住的整體舒適感

如果住宅是二層樓的建築物，拆除部分一樓及二樓的地板，打通樓上及樓下的空間，就是所謂的「挑高」。**挑高設計可以讓空間看起來寬敞，視覺效果也更柔和。**此外，由高窗進入屋內的光線，會因為高度差異使空氣產生循環，大幅提升居住的舒適感。

挑高不僅是廣為人知的空間呈現方法，同時也具有實際作用。雖然也有人認為挑高住宅的屋內比較冷，不過因為現代住宅會採用氣密性及保溫性優異的建材，或是搭配暖氣，因此無須擔心住宅會因為挑高設計而變得比較冷的問題。

走廊實例

✱創造通透明亮感

玄關正面處以玻璃取代牆壁，並種植家庭紀念樹。整個走廊猶如被柔和的空間所環繞。

✱透過設計提升氛圍

如同引導人進入下一個空間般，富有存在感的設計風格。

✱演繹出開闊感的空間

透過光線變化，讓位於走廊盡頭的房間脫離閉塞感，呈現開闊景象。

✱為生活營造幅度

利用壁面設置家庭圖書區，讓家人共度閱讀時光。

讓走廊不只是通道，也是一種「視覺享受」

走廊具有分隔及連結生活動線的功能，對每天的生活產生有極大的影響。有時，家人的生活空間會因為走廊位置而被切斷，例如房間被走廊隔開，分別位於兩側，這樣雖然能確保各自的隱私，但也會因為阻礙了空氣的流動，使得兩側的房間出現溫差。

那麼，沒有走廊的區隔，直接經由客廳進入房間的格局又會是如何呢？現在這類型住宅格局變得相當普及，或許是與生活型態產生變化，以及這類格局具有比較好的隔熱保溫效果有關吧！

走廊不單只是分隔生活空間的動線，也是一種視覺享受。也可以靈活運用走廊壁面，當作家人共享心情的公布欄，或是設置壁龕以投射燈照明，打造另一種視覺樂趣，透過各種巧思讓走廊呈現藝廊般的風格。

樓梯實例

★創造下樓梯的樂趣

相較於爬樓梯，步下樓梯時更具有樂趣。

★納入外部景色

利用樓梯平台，將外部景色引進室內，營造視覺開闊感，讓心情恬適祥和。

★藝廊樓梯

讓樓梯帶有微幅曲線，於中途設置可擺設飾品的展示架。

★迷你圖書區

設置小書櫃，讓孩子經常親近書本，進而培養閱讀的好習慣。

藉由不同的樓梯設計，變化美好小家新氛圍

樓梯是連接樓上及樓下的通道，但除了通道的功能，不妨試著將樓梯變為展示的空間吧！文藝復興時代的大藝術家達文西，就曾將樓梯視為連結垂直方向及不同性質領域的變換裝置，進而設計出法國香波爾城堡；而日式神社前那些乍看之下階數很多的階梯，也是以連續且有節奏感的方式，將多樣化的空間融而為一。總而言之，樓梯是兼具遊戲性及精神層次的空間。

樓梯除了講求上下樓時的安全性，也可以多花些巧思創造美感，例如，**在樓梯途中設置架子放上花藝或擺飾品，就能將原本單調的樓梯變為藝廊樓梯**；在轉角的樓梯平台空間設置書架或小書桌，就可以成為孩子們的交流空間。擔任連結樓上與樓下功能的樓梯，該如何呈現於住宅格局之中？我認為樓梯其實是低調隱身幕後，卻不可或缺的重要角色。

29

室內空間設計 ● **樓梯的高度與寬度**

樓梯不能只重外觀設計，必須兼顧「安全性」

「台階高度」及「踏板深度」都很重要

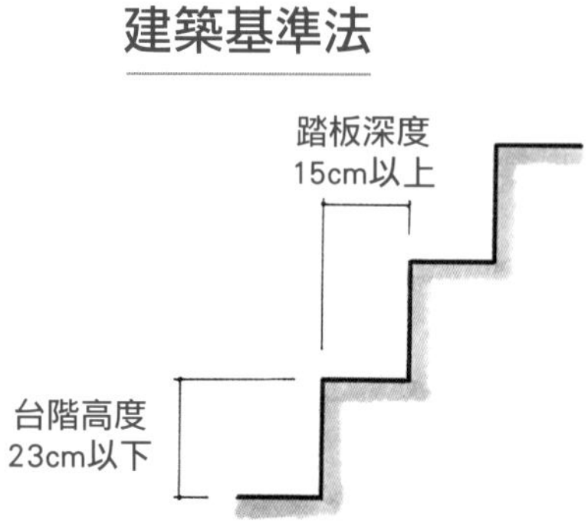

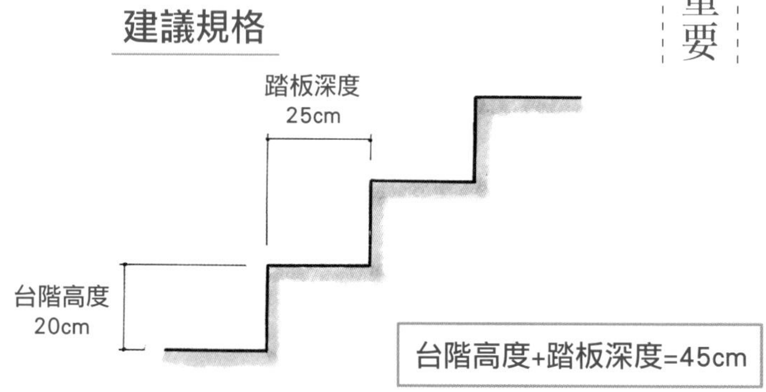

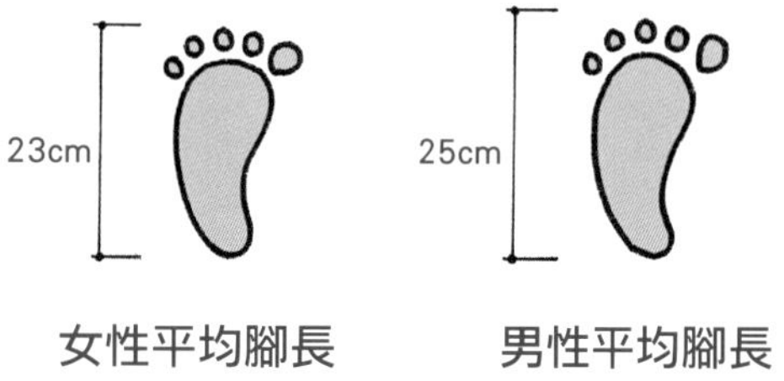

★踏板深度是以腳的尺寸為參考基準

考量腳的尺寸，建議樓梯踏板深度要超過23公分。

高度與深度超過45公分，設計出來的樓梯才安全

建築業界常說擅長設計樓梯者就是好的設計師，只有技術好的木工才做得出完成度佳的樓梯，可見對設計師及工匠而言，做樓梯並不容易。

原則上，樓梯可概分為「直線型樓梯」及「曲線型樓梯」。直線型樓梯會使空間呈現俐落感，但如果不小心跌倒，就會連爬帶滾一路往下；曲線型樓梯在轉折處會設有平台，安全性較高又具有寬敞的空間感，但相對需要較大的面積。

住宅通常一間（約1百80公分）或半間（約90公分）做為尺寸比例的單位，如果以此基礎思考樓梯的尺寸，樓梯寬幅約為90公分，再扣除牆

將樓梯視為「變形的地板」

★想像「二樓地板」依序往下掉落的畫面

以二樓的平面圖加以解說，比較容易理解樓梯的構造。樓梯不是由一樓一階階的往上堆疊，而是二樓地板一階階往下掉落。

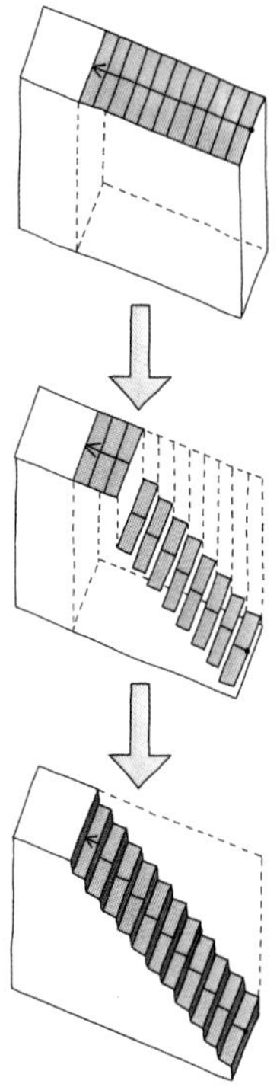

注意二樓的地板高度！

★以剖面圖檢視樓梯高度

如果只看平面圖，就有可能發生這樣的問題。為了便於想像，除了掌握地板高度與樓梯坡度的位置關係，要確認剖面圖喔！

壁的厚度，可供使用的樓梯寬幅應該不超過80公分，**但考量到搬運物品上下樓梯時的必要的緩衝空間，1百公分的寬幅是比較理想的樓梯寬度。**

接著，讓我們來思考「台階高度」及「踏板深度」。樓梯的台階高度與踏板深度，將決定上下樓梯的難易程度，一般來說，坡度和緩的樓梯會占用很多上層樓的面積，而坡度較陡的樓梯則不會浪費過多地板面積。根據日本建築基準法的規定，台階高度須在23公分以下，踏板深度則需超過15公分。（註：台灣規定，一般建築物談台階高度須為20公分以下，踏板深度須超過21公分。）

為求安全，在規劃台階高度及踏板深度時，重點應放在下樓時台階的安全高度及踏板深度。**我認為在思考台階高度與踏板深度時，兩項尺寸合計為45公分是較安全的基準**，例如：台階高度20公分、踏板深度25公分，兩項合計為45公分；以此類推，如果台階高度為19公分，那麼踏板深度就是26公分。

30

室內空間設計 ● 客廳的功能

客廳能「創造回憶」，也是連繫家人情感的地方

讓客廳成爲更舒適的共同空間

✱方便家人聚集的動線計畫

客廳是沒有特定用途的空間，但是早上起床後、外出返家後、晚上睡覺前等，我們每天的日常生活都是從客廳開始。正因為客廳沒有特定目的性，才能成為家人共享的空間！

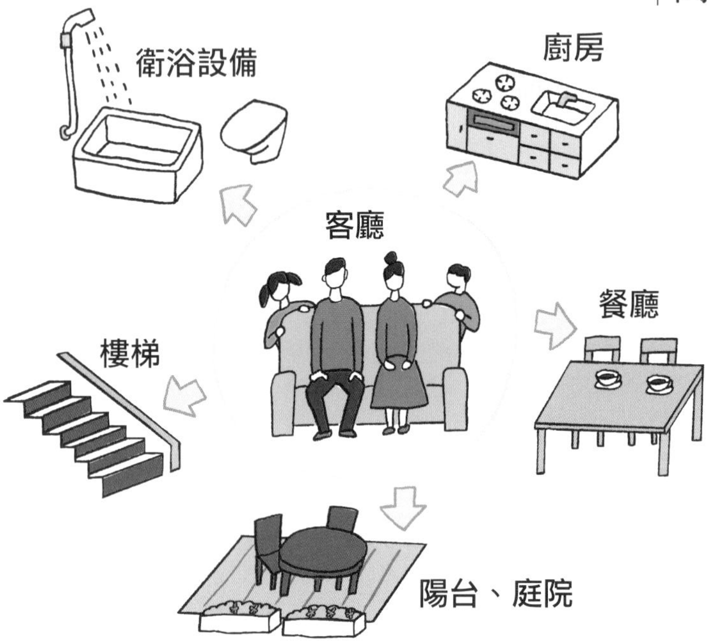

依全家需求規劃客廳擺設，打造最放鬆的居家空間

如果回溯住宅的歷史，一直到最原始的穴居為止，會發現住宅其實就是建造一個偌大的空間，其中有煮飯、睡覺等分門別類的房間，而剩下來的空間就是客廳。也就是說，客廳是「剩餘空間」的代名詞。

隨著時空的轉變，現代人對於這個「剩餘空間」的運用，則是完全相反的情況。我們在設計住宅時，反而以客廳為中心，其次才是擁有個別功能的房間。

因為對同住一個屋簷下的家庭共同體而言，煮飯或睡覺並不是住宅的主要目的，這個屬於大家的共同空間，才是連結家人的心、創造回憶的

客廳的3大基本型態

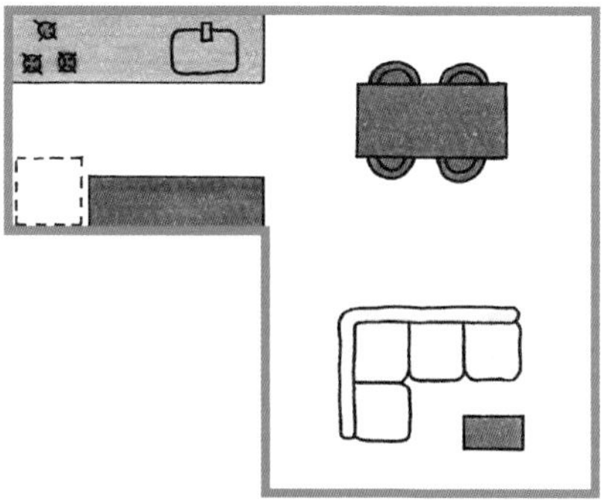

★箱型客廳、餐廳

客廳及餐廳位在相同空間，是最方便使用的型態。然而，出入口或電視會限制家具擺放的位置，不妨參考設計圖，規劃出讓家人更容易交談的家具配置方式。

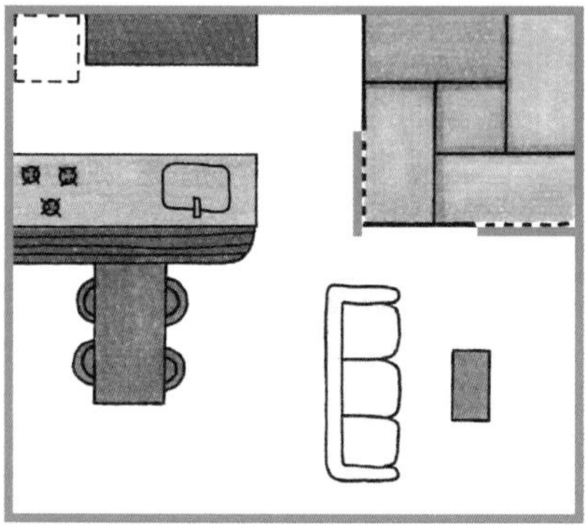

★客廳＋榻榻米區

雖然客廳寬敞會比較舒適，但也會出現客廳太大而無法好好交談的情形，這時稍微狹窄的客廳再配上榻榻米，可以讓家人間的交流更加綿密！

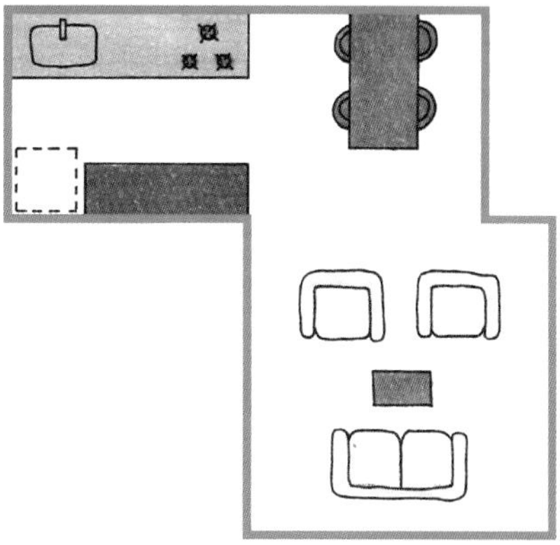

★客廳＋餐廳

兼具獨立性與開放性兩項元素的型態。至於家具的擺放，不妨依照用途，適切的規劃配置吧！

地方。

客廳必須具備足夠的「空間」，以及讓家人容易團聚的「動線」。以**客廳為中心規劃生活動線時，客廳就會成為通道，這麼做的缺點是會讓人無法靜下來。**

另外，客廳的家具配置與餐廳也有關係，因此要留意沙發、電視的位置，才能規劃出家人間最容易交談的空間配置。不妨在平面圖中標示出家具位置，讓電視的配線、插座及開關的位置更為明確。

客廳不只要寬敞就好，與餐廳的位置關係、利用挑高呈現容量感、角落鋪設榻榻米散發和式風味……，透過上述手法，賦予空間變化感也是很重要的事。

總之，每個人心目中的舒適客廳樣貌各不相同，**只要讓每位家人都找到屬於自己的角落，空間舒適就有凝聚力，自然就能夠促進交談溝通，增進感情。**

31

室內空間設計● **餐廳的風格**

客廳是全家的「交流空間」，餐廳才是「生活中心」

客廳、餐廳、廚房的關係，將決定全家的生活型態

每當問道：「你會在客廳做什麼事？」得到的答案經常是：「就……看看電視吧！」「客廳」是每位家人無明確目的卻相聚在一起的地方，它的功用確實很難具體的回答，但「餐廳」就不同了！餐廳就是吃飯的地方，而吃飯是非常具體的生活行為，因此容易理解。

雖然我們在規劃住宅時常會以客廳為中心，但從功能面來看，餐廳可說才是生活真正的中心。如果從「客廳是餐廳的延長線」這個觀點來思考，會比較容易理解和規劃，但餐廳同時也具有連結廚房與客廳的功能，至於連結的型態，就取決於家人的生

餐廳空間規劃的三種基本形式

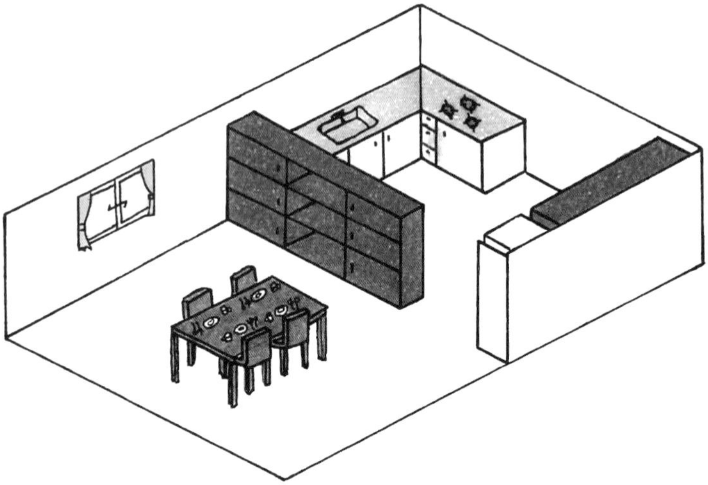

❶獨立形式
餐廳的空間獨立，可以明確感受到「這裡就是用餐空間」。

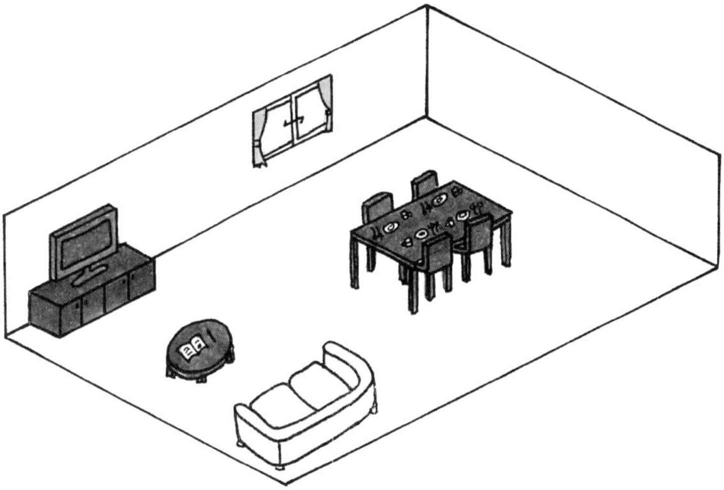

❷客廳＋餐廳形式
將具有明確功能的「餐廳」與沒有特定功能的「客廳」相連結，透過連結，體現家庭的理想狀態。

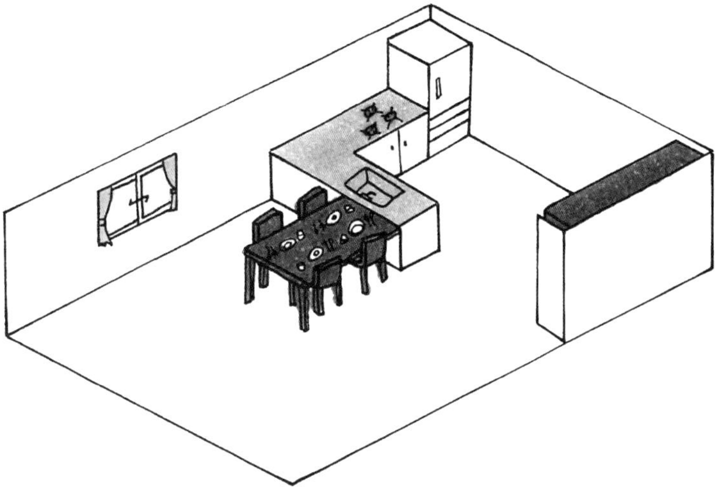

❸餐廳＋廚房形式
將餐廳與廚房規劃在相同區域，營造出連貫的空間。

活型態了！一般而言，餐廳可以大致分成下列斯三種形式：

❶獨立型的餐廳
❷客廳加餐廳的形式
❸廚房結合餐廳的形式

如果家中人口偏少，獨立型餐廳難免會顯得寂寥，而且從廚房端飯菜到餐廳也相當費工夫，不過因為空間獨立，提高用餐時的專注度是一大優點。**至於客廳結合餐廳的形式，如果只是單純將沙發及餐桌擺在同個空間內，會使用餐時出現無法專心的情況**，這時不妨利用景觀窗、內部裝潢、照明、擺設等方式增添變化，讓餐廳成為家人聚集的空間。

而廚房結合餐廳則是運用兩者的面積，讓空間更具有整體感，對於家人間的溝通也更有幫助，但餐桌大小以及擺放方向會大幅影響廚房與餐廳的關係，不得不慎。

32

連結「餐廳」與「客廳」，是室內規劃的最大課題

依「個別需求」調整空間配置

利用挑高、高低差，適度切分「客廳」與「餐廳」

餐廳與客廳是住宅的2大核心，大部分人會認為兩者都是家人聚集的共同空間，而將它們視為一個整體空間。**如何連結這兩個區域，是室內空間規劃的一大課題。**

若想創造餐廳與客廳的適度關係，不妨參考下列的方法：

❶從室內看得到的外部環境，討論連結室內外的露臺、廣角窗的大小或位置

❷透過挑高設計、地板的高度差等方法，讓空間更有變化

❸稍微錯開餐廳與客廳的位置，改變兩個區域的視角

★利用可移動的隔間方式，輕鬆隔開2個空間

使用玻璃門分隔餐廳與客廳，兼顧獨立性與整體感，能夠依不同的生活需求，調整空間的使用方式。此外，可利用落地玻璃門來增添空間的一體感。

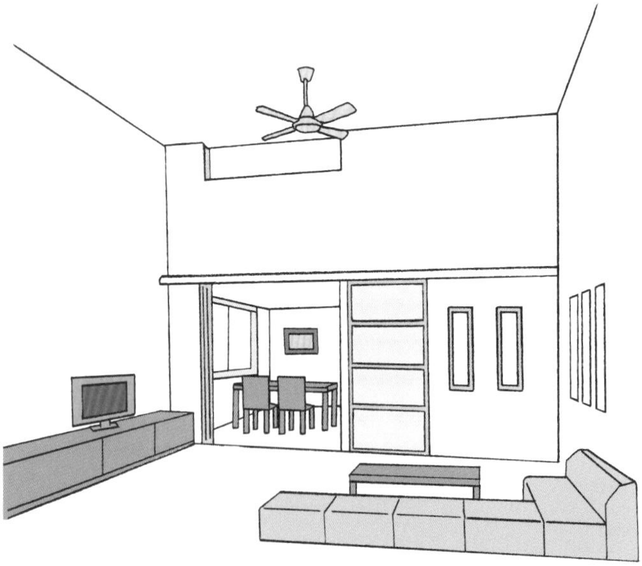

客廳與餐廳的各種隔間技巧

★區域劃分

利用錯開或地面高低差，
清楚區隔各自的區域。

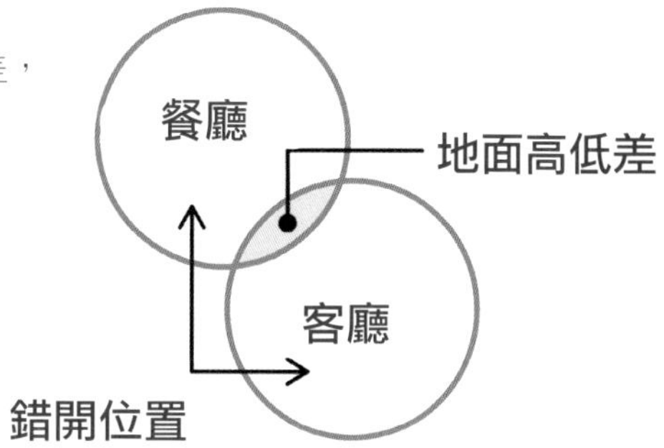

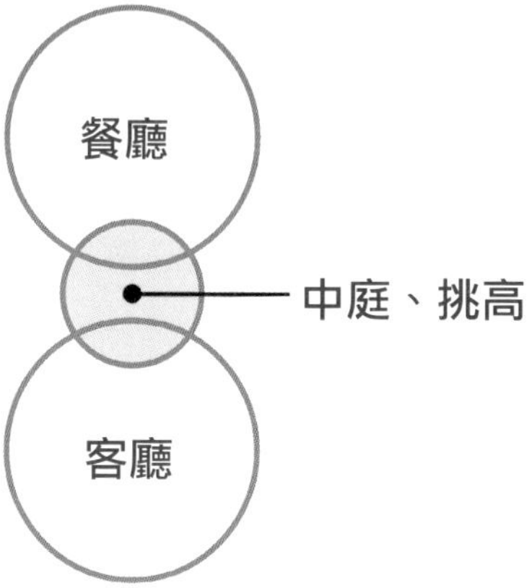

★創造通透明亮的空間

在客廳與餐廳之間設置中庭或
木製陽台，做為空間的延伸。

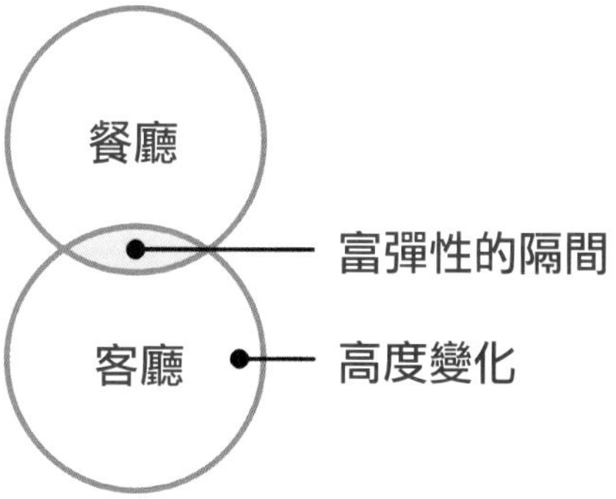

★增添變化

利用玻璃門或簡易隔間方式，彈性調整
空間需求。此外透過改變天花板高度，
為空間增添變化性。

❹在餐廳與客廳交界處加上拉門，視實際需求分隔或合併這兩個空間

❺在餐桌與客廳沙發、電視等家具的配置方面下工夫

❻設置家人共有的書櫃或電腦區

❼增設家人共有的收納空間

❽設置大型立燈，藉由照明改變家中氣氛

❾以觀葉植物或畫框連結餐廳與客廳

❿利用角落，設置可供躺臥的空間

此外，**餐廳與廚房的連結程度越高，越容易讓人有生活感，這時客廳就要儘量減少有生活感的元素，互相補償**。

如果因為面積的緣故，沒有足夠的客廳空間時，利用大型餐桌做為多功能桌也是不錯的方式。選擇65公分高的餐桌，可以透過降低視線來產生穩定感。

33

室內空間設計

餐廳與廚房間的關係

想要涇渭分明的「獨立廚房」，還是明亮開闊的「中島式」？

決定廚房型態之前，先弄清家人對餐廳的需求

廚房與餐廳關係密切，無法切割

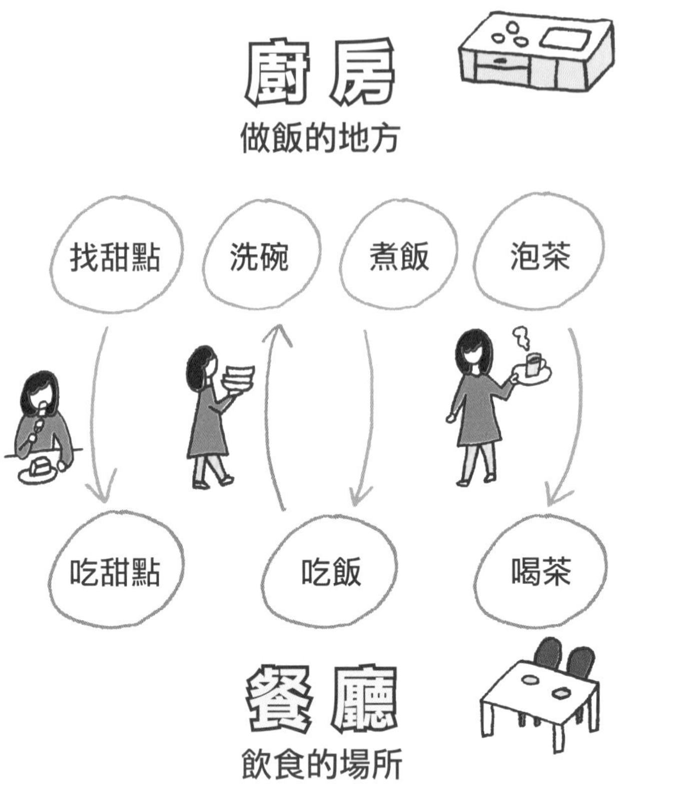

★來回在兩個區域之間

「餐廳」與「廚房」是家人最常進出的地方。依據家人的參與程度，家具或家電設備的配置也會有所不同。

各位每一天至少都會往返餐廳與廚房一次吧！廚房與餐廳就像是是家庭的交會點，因此在規劃兩者的位置關係時，必須考量目前的家庭結構與將來可能發生的變化，再以此為基礎，判斷最適合的形式。

舉例而言，希望餐廳寬敞舒適、想要煮飯時可以和在客廳的小孩說話等等，對廚房的要求，每個人都不盡相同，**為了因應各種需求，餐廳與廚房的形式當然也要跟著改變。**

在幾個形式當中，較具代表性的形式有三種，分別是獨立型、面對面型，以及中島型。

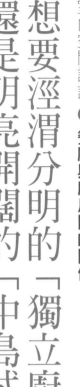

廚房最常見的三種基本型態

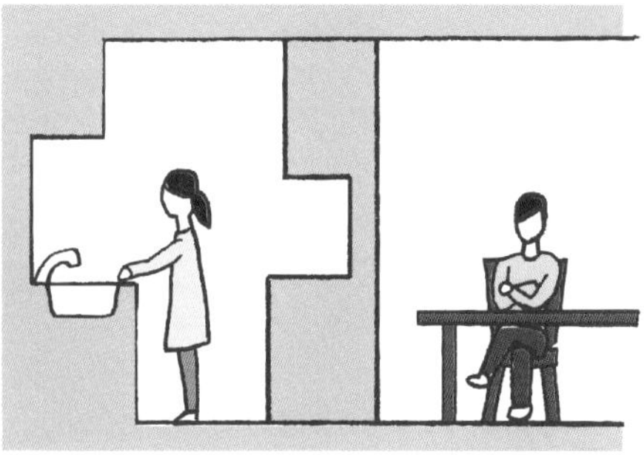

❶獨立型

屬於獨立空間，雖然有點寂寞，但是廚餘臭味或水聲不會干擾其他房間。即使多少有點雜亂，也無須介意。

❷面對面型

與家人互動輕鬆，不會孤單。上菜也很方便。流理台的高度以及上方櫥櫃的安裝與否，也會影響到廚房與餐廳的連結程度。

❸中島型

廚房空間與餐廳、客廳具有連貫性，也可視為家庭空間，藉由飲食交談使家人團聚。

❶獨立型：餐廳與廚房是分開的，或許會讓端飯菜到餐桌變得有些不便，但卻可以營造出十分沉穩的用餐空間。

❷面對面型：因為餐廳與廚房並沒有分開，家人容易相互交談。為了不要從餐廳就看得廚房水槽，水槽前的收納櫃可以設計得比水槽高出30公分左右，這樣既可隱藏手邊的清洗工作，餐廳也比較不會受到廚房的干擾。

❸中島型：這種開放式的廚房，不僅讓家人容易參與廚房的工作，整體造型也呈現出開闊明亮的印象。只是為了避免雜亂感，煮飯後必須勤於擦洗、整理。

近幾年，廚房已不再只是煮飯的地方，對於廚房的想法也必須要跟著轉變，廚房是家人交談溝通的地方，也是全家人的共有空間。

34

室內空間設計 ● **廚房的空間配置**

「一起在家吃頓飯！」打造夢想廚房前，先思考料理動線

規劃廚房之前，要先確認料理順序

1 從冰箱取出食材
2 置於水槽內洗滌
3 剁切處理食材
4 以爐具加熱烹煮

料理的順序是冰箱→水槽→砧板→爐具，如果不依此順序配置廚具，煮飯時就必須反覆來回移動。在設計廚房配置時，請務必注意這一點！

「冰箱」的擺放位置，會影響廚房的機能性

廚房是烹調三餐的地方，因為目的十分明確，所以更要講求機能性了。**廚房由四個區塊所構成，分別是爐具、水槽、冰箱以及放置砧板的調理區，而這四個區塊的組合方式，將決定使用時的便利性。**

料理的基本的流程是：從冰箱取出食材↓置於水槽內清洗↓在砧板上做剁切處理↓以爐具加熱烹煮，因此最先需要確定的是冰箱擺放的位置。

冰箱不僅用來保存食材，也是家人會去拿飲料、甜點的地方，所以冰箱的擺放位置必須考量居家動線，放置在廚房深處還是入口處，將會大幅改變冰箱的視覺傳達以及廚房的空間配置。

決定冰箱的擺放位置

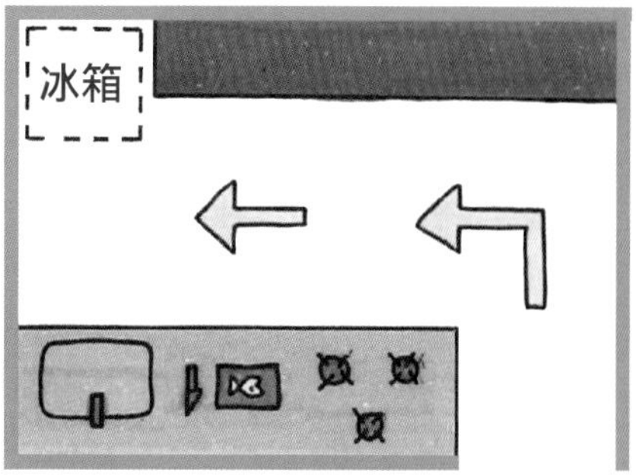

★放置在廚房深處

年幼的孩子需要穿過狹窄的廚房通道才能拿到冰箱內的食物，這種配置方式稍嫌危險，但好處是從餐廳看不到冰箱。

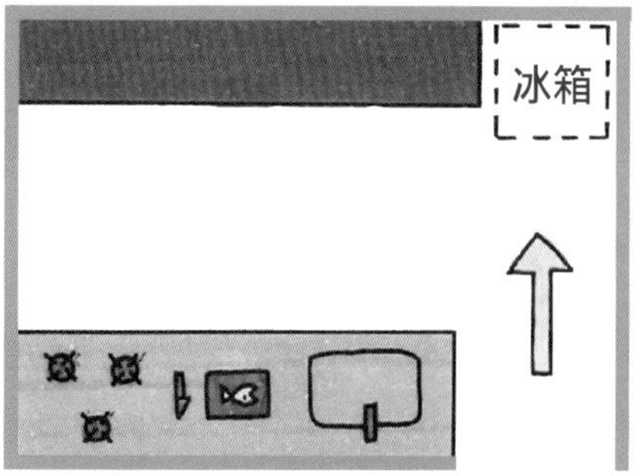

★放置在入口處

即使用餐中，也能迅速拿取冰箱內的東西。爐具設置在廚房內深處，因此無須擔心年幼的孩子會靠近爐具，但壞處是從餐廳就能看見整台冰箱。

四種常見的廚房配置

I 型廚房

四大區塊沿著牆邊緊密且簡潔排列，便於集中料理，是家中最基本的配置方式。

L 型廚房

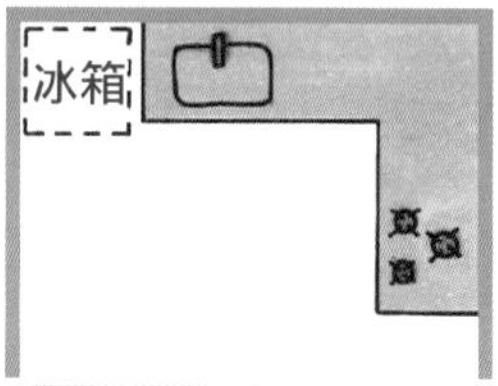

活用廚房角落空間的配置方式。雖然料理動線較短，但容易產生無法利用的空間死角。

U 型廚房

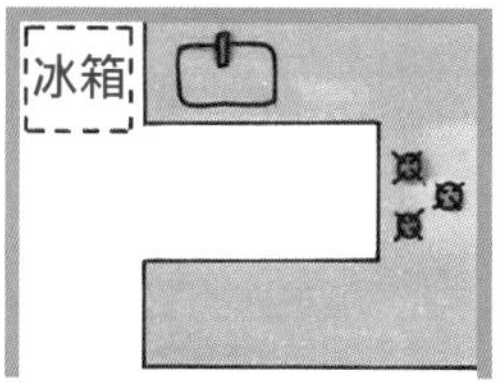

料理動線最短，收納空間也十分充足，但容易產生許多無法利用的死角，廚房內的空間僅容得下一人。

島型廚房

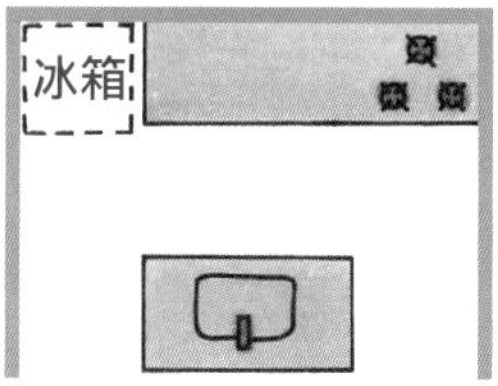

將原本靠牆的爐具或水槽移出，如島嶼型的配置方式。好處是廚房空間較為寬敞，可容納多人同時下廚。

視生活型態的不同，適擇最適合自己的廚房

現今的廚房與過去不同，已經不再是那種昏暗陰冷的空間了，**廚房儼然成為現代人的居家重心，它與餐廳間的連結性變得非常重要，冰箱的擺放位置也就相形重要。**

每個家庭對於用餐都有不同的考量和習慣，而廚房與餐廳之間的連結性，也會因此而有所不同。以往看起來最不起眼的廚房，在家庭型態轉為核心家庭後，改採開放式廚房的家庭越來越多了。

另一方面，在職業婦女增加、料理步驟簡化的情形下，大多數的家庭也開始傾向選擇大容量的冰箱，尤其特別重視冷凍庫容量。

為了因應各個家庭的生活型態，不妨先仔細思考冰箱的擺放位置吧！

室內空間設計 ● 通風與採光

少了「通風」與「採光」，格局再完美都是徒勞

通風OK例

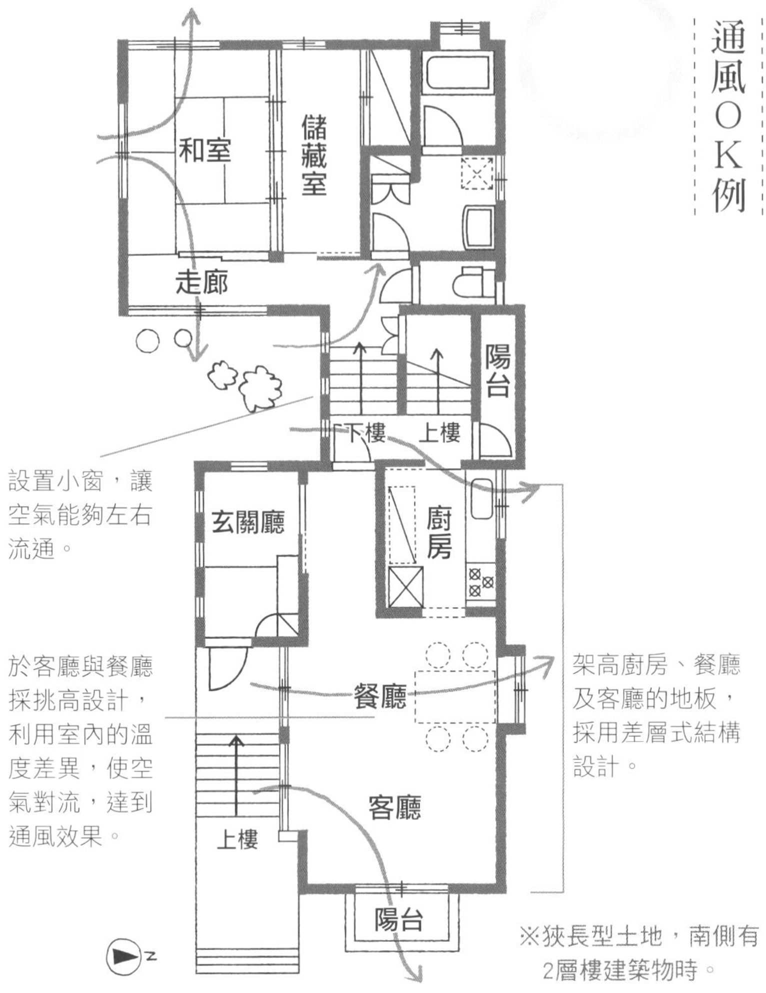
和室
儲藏室
走廊
陽台
下樓
上樓
玄關廳
廚房
餐廳
客廳
上樓
陽台
設置小窗，讓空氣能夠左右流通。
於客廳與餐廳採挑高設計，利用室內的溫度差異，使空氣對流，達到通風效果。
架高廚房、餐廳及客廳的地板，採用差層式結構設計。
※狹長型土地，南側有2層樓建築物時。

運用挑高、窗戶配置，改善空氣不流通的問題

人類自古以來就懂得觀察大自然的風向，阻擋不喜歡的風，將喜歡的風引進室內。**而現今的建築技術，雖然能建造高氣密、高隔熱的住宅，但不僅無法將喜歡的風引進室內，還會讓空氣無法循環，形成滯留。**

在這裡我特別談一下通風，希望各位能重新體會通風的重要性。以下是住宅通風的四項基本重點：

❶保留一點空間，不要過於密集

如果與鄰近住宅過於接近，風就會無法通過。即使是寸土寸金的住宅密集區，只要在建築物間保留一點空間，風的流動方向就會不同。

通風NG例

★客廳、餐廳、廚房空氣不流通

客廳、餐廳、廚房的北側、東側牆面沒有門窗，所以空氣無法流通。

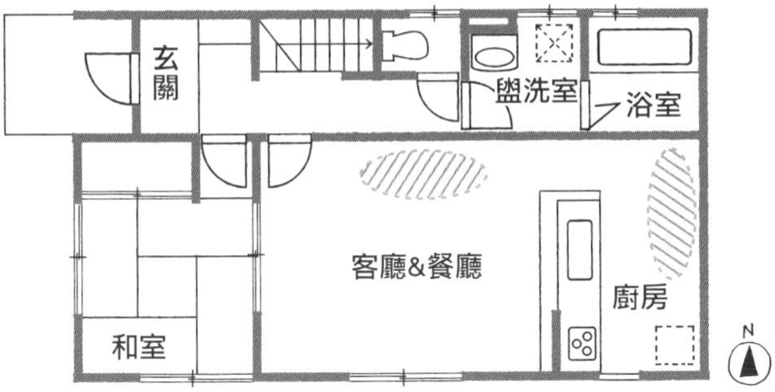

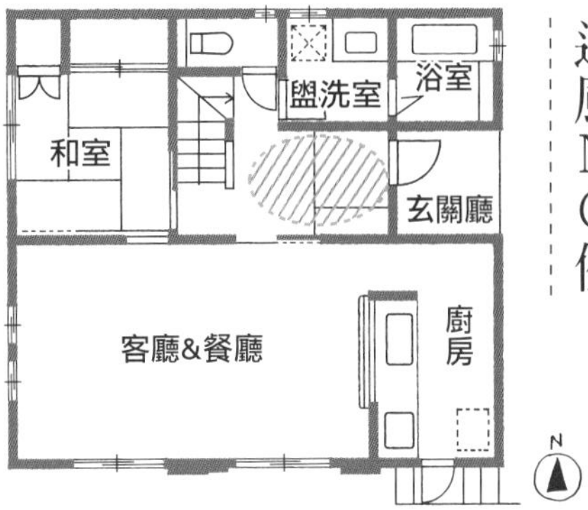

★玄關廳的位置不佳

玄關廳位於中間，就算是大白天也還是光線昏暗。若無適當的通風改善計畫，容易滯留濕氣，產生異味。

★空氣滯留在走廊

走廊位於中間，空氣的流通狀況不佳。再加上將客廳、餐廳與廚房的壁面做為收納空間，因此沒有窗戶。應採取在高處設置窗戶等方法，改善空氣流通。

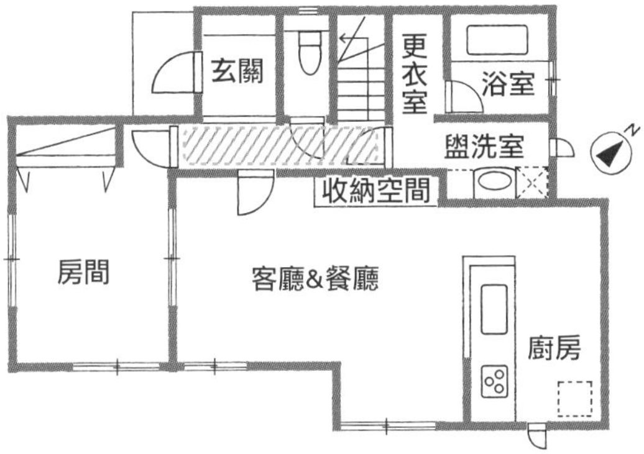

❷ 設置兩扇窗，創造通風管道

想讓自然的風於屋內流動，每個房間**應設置兩個以上的開口**，創造風的流動通道。透過挑高或設置於高窗，讓風不只水平流動，就可以有效創造上下對流的通道。

❸ 窗戶的位置關係

在南北向、東西向或是對角線上設置窗戶，將有助於風的流動。如果風進入屋內的入口較大，但出口卻很小，就會出現空氣滯留的情況，因此**出口要與入口一樣大**，或是比入口的尺寸更大一點，這些都是設計時必須注意的細節喔！

❹ 活用各種窗戶

在客廳或餐廳設置大的窗戶，可以讓屋內光線明亮；透過靈活運用高窗或低窗，可以兼顧隱私及舒適性。進入客廳或餐廳的風也會進入其他房間，**空氣可以在整間建築物內沒有阻礙地自由流動**，才是理想的狀態。

採光OK例

★將公共區域規畫在二樓

常見的空間規劃是公共區域在一樓，房間在二樓。為了改善採光，不妨將一、二樓的配置對調。樓梯設於建築物中央，並於上方設置天窗，將光源引入樓梯區。

配置於建築物中央的樓梯室。

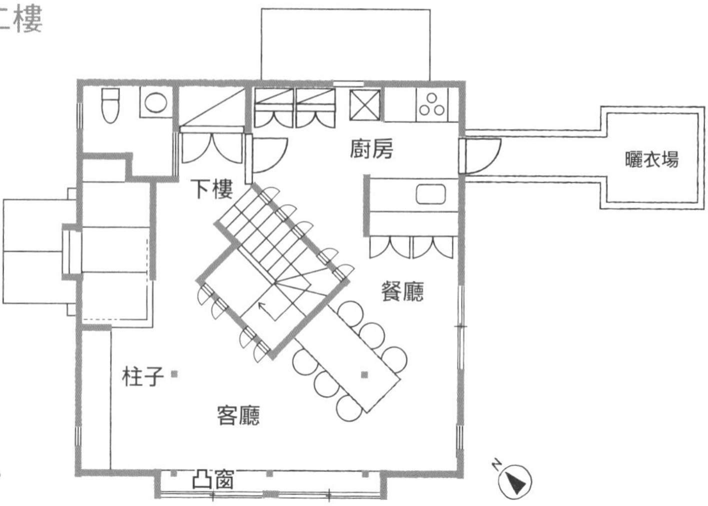

★設置中庭，確保採光充足

如果土地狹小，三面又有建築物阻礙採光，不妨規畫面積約1.5坪的中庭，讓戶外光線藉由反射進入屋內。

從中庭進入室內的反射光，讓空間呈現明亮感。

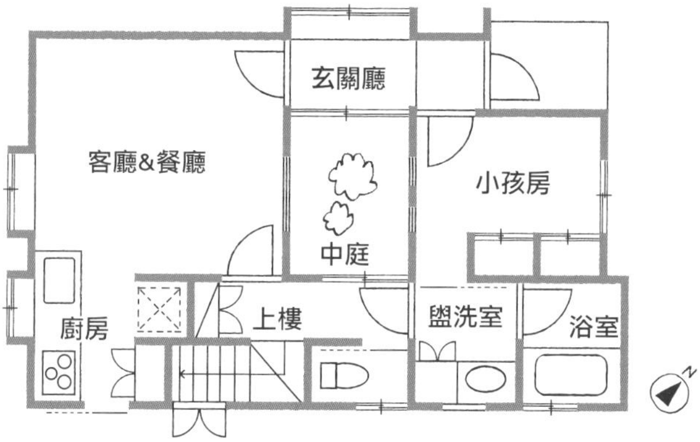

了解四周的日照變化，運用「窗戶」改善採光

人採光會受到土地形狀或周邊環境的影響，如果土地條件惡劣、採光狀況不佳，我建議把一、二樓的格局對調，將二樓採光最好的地方規劃成客廳、餐廳，一樓則規劃為臥室或是浴室等衛浴空間。

此外，將臥室、房間設置在一樓時，因為隔間的關係會增加牆壁數量，可以增加穩定性，使建築整體結構更加安定。

或許有些人因為疲於上下樓的緣故，還是希望將客廳、餐廳設置在一樓，此時不妨以中庭來改善採光，或是改採挑高設計、設置天窗，優化採光條件。

無論運用何種技巧，最終目的不外乎都是將和煦的陽光引進室內，不管土地條件再怎麼惡劣，只要用心規劃，還是可以運用各種技巧，讓光線進入室內。

只要土地面積夠大，窗戶採光就能均勻照亮每個房間嗎？其實那倒也

採光NG例

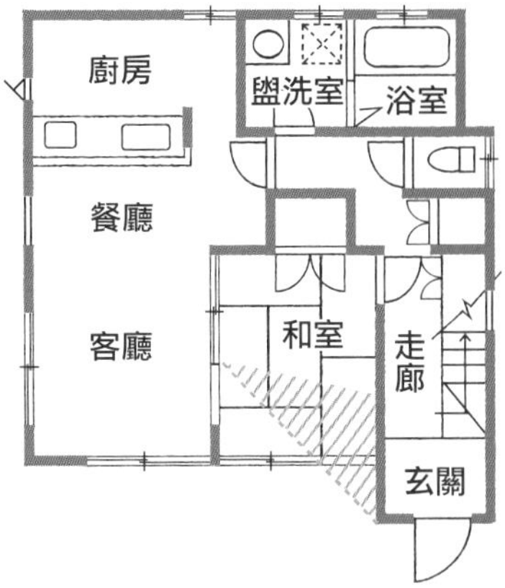

★凸出的隔間會形成室內陰影

位於南側的玄關位置較為凸出，造成和室的陰影。此外，由於樓梯位於東側，不僅早晨陽光無法進入生活空間，廚房也會受到西曬影響，應採取適切的因應對策。

★注意玄關與室內的明暗差異

將玄關與玄關廳配置在採光最好的位置，如果天氣晴朗，從玄關進入室內後，會因為明暗差異過大，而出現短暫視覺減退的現象。

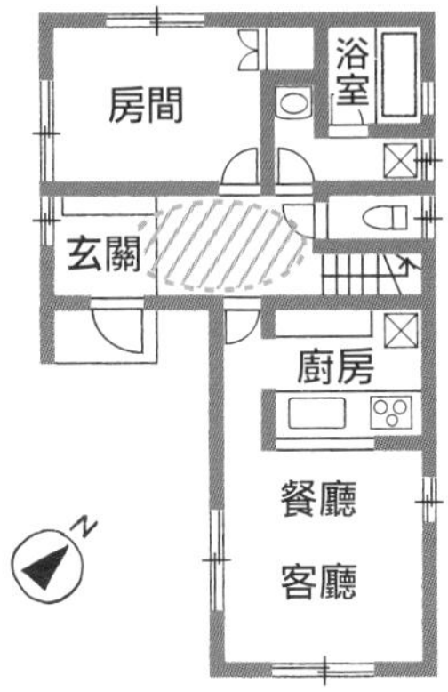

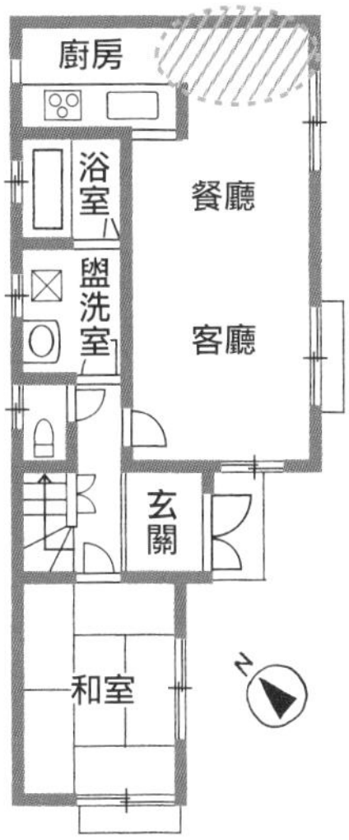

★光線無法深入建築物內部

如果土地寬幅狹窄，南側光源不易照射至住宅內部，就要規畫大面積的落地窗，或是設置高窗，來改善採光條件。

不一定。如果建築物的形狀接近正方形，光線就會難以進入正中央區域，這時破解的技巧是改採玻璃大門，或是運用鑲格窗，確保光線得以進入。

另外，臨路幅度較窄的狹長型土地，如果無法從南側採光，不妨考慮在建築物內部設置中庭，改善客廳及餐廳的採光條件。

我們常會忽略自家建築物的光影變化，**例如：L型的建築物因為有部分突起，隨著日照角度的變化就會出現陰影，因此，一定要事先確認陰影對於室內所產生的影響。**

想讓客廳及餐廳保有最佳採光，不妨設置大面積的落地窗，然而，太陽的高度會隨著季節而改變，為了因應日照角度的變化，最有效的方法是在一處設立大型落地窗，其他部分則採用細長型的直立窗，如此一來就能既保有良好採光，又可以享受四季的光影變化了。

column

室內隔間最常見的失敗案例 10

學會了基本的格局配置觀念，來看看失敗案例吧！

1 收納問題

收納失敗不是空間不夠，就是使用上不方便。例如，把閣樓規劃成收納空間，就得爬上爬下，十分累人。

2 浪費空間

書房的燈光會照進臥室，妨礙家人睡眠。格局規劃不良，會造成使用上的不便，最後導致空間浪費。

3 家事動線

失敗的原因在於動線過長，導致效率不佳，更遑論拎著髒臭的垃圾袋經過客廳了，完全不是一件美觀的事。

4 衛浴區域

應避免必須通過其他房間才能進入衛浴區的情形，此外，也要避免訪客一進入玄關就看見從廁所出來的人。

就算自認已經事前做足功課，我們還是會在實際入住後才發現許多不滿之處，這時就算語帶後悔的說：「如果之前這樣規畫就好了！」也已經為時已晚。接下來，我從許多的失敗實例中，挑選出十個容易失誤的項目來與大家分享。

分區計畫無法事後補救，施工前務要規劃清楚

如果將這10個項目加以分類，容易失敗的類型大致可分為：分區計畫的失敗、收納不足，從平面圖無法看出窗戶高度，或是隔音不佳等等。

大多數的失敗，都可以在改造裝潢時補救，例如：增加收納空間，改善收納問題；至於聲音干擾的問題，則可以採用吸音材料或隔音牆等因應對策；如果是窗戶的高度問題，也可以想辦法改造，調整到理想的高度，只有分區計畫的失敗很在難事後補救。

5 窗戶位置

窗戶太少會影響採光與通風，相反地，窗戶太多家具也會難以靠牆邊擺放。房間的窗戶數量，請以一室兩窗為基本原則。

6 聲音干擾

從設計圖無法事先預期的項目之一就是「聲音」。採挑高設計時，一樓的聲音當然也會傳到二樓。因此規劃時必需考量隔音的問題。

7 分區計畫

小孩長大後生活型態也會隨之改變，因此在規劃空間時，必須事先預想將來可能會發生的情況。

8 門的位置

不要在樓梯口設置門。因為急忙向外打開門時，很可能不慎跌落樓梯。應改變門的位置，或改為向內開啟的門。

9 電燈開關、插座位置

沒有牆面的房間，就無法安裝開關。失敗的案例包括：插頭安裝在家具後方，或是以拉門隔間，無法安裝開關。

10 照明位置

家具與安裝燈具的位置錯開、挑高處的照明故障時不易更換、睡覺時燈具正對臉部……，這些都是需要留意的重點。

分區計畫的失敗，多半和家事動線、衛浴位置有關，例如：沒有明確規劃倒垃圾、洗衣、曬衣的動線，等到開始居住後，才發現倒垃圾必須經過客廳、將衣服拿到曬衣場的動線很長、沒有雨天晾衣服的空間；至於衛浴規劃上的失敗，則是將廁所設置在玄關附近，導致一打開廁所門，就可以從玄關直接看到廁所裡面，或是客人來訪時，很難通過玄關進入屋內等都是實際居住之後，才會發現的惱人問題。

把自己放到平面圖，預先想像完工的樣子

近幾年的室內規劃趨勢是消除不必要的空間浪費，甚至直接取消走廊的設計，讓空間的整體性更高。**我認為規劃得越是精簡，越要重視聲音或視線等光靠設計圖無法判斷的小細節**，因此把自己放在平面圖中，事先想像完成後的狀態，也是非常重要的工作。

36

室內空間設計 ● **小孩房的規劃**

小孩房隔間要隨「年齡改變」，讓孩子保有「私人空間」

孩子還小時，沒有專屬的房間也ＯＫ

★在餐廳

母親在廚房煮飯時，小孩可以待在身旁，隨時看得到媽媽，孩子就會有被守護的安心感。

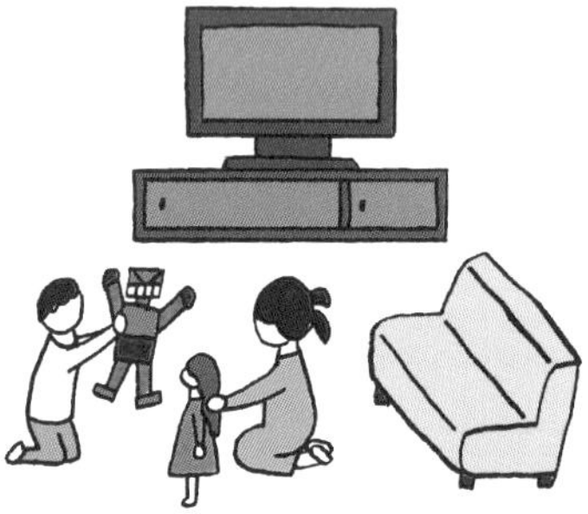

★在客廳

客廳是家人聚集的地方，讓孩子在客廳玩耍，在觀察大人言行中學習成長。

★在樓梯平台

樓梯平台的面積大小剛好適合孩子。在樓梯平台設置圖書空間，可培養孩子閱讀的習慣。

小孩房規劃要有長遠眼光，「隱私」的拿捏很重要

小孩房面積通常約三坪左右，設置在主臥室附近，房間裡有基本的床鋪、書桌、書架以及收納空間。雖然在孩子還小時，收納櫃裡的物品可能很少，但還是要預想將來的狀況，保留足夠的空間。

孩子使用房間的方式會隨著年齡而改變。小學低年級學童很少待在房間裡，通常會待在客廳或餐廳，或許是因為和媽媽在一起感覺比較安心吧！但孩子到了中年級後，使用房間的方式也會跟著產生變化。

在成長的過程中，每個人都有祕密，也會有想要藏起祕密、忍住不說的時候，而看著孩子的背影，一路悉

小孩房的隔間，要隨著年齡變化

★出生～小學低年級

不擺放大型家具，呈現寬敞的遊戲空間。可在其他地方讀書或寫作業。

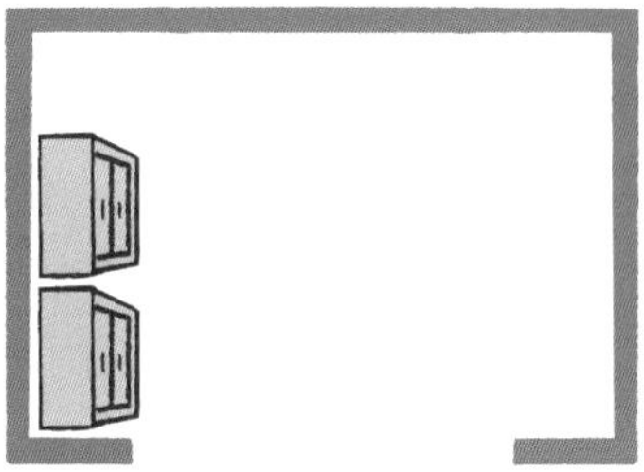

★小學高年級

擺放讀書及睡覺所需的書桌、書架以及床鋪。不是個人房間，而是與兄弟姊妹共享的空間。

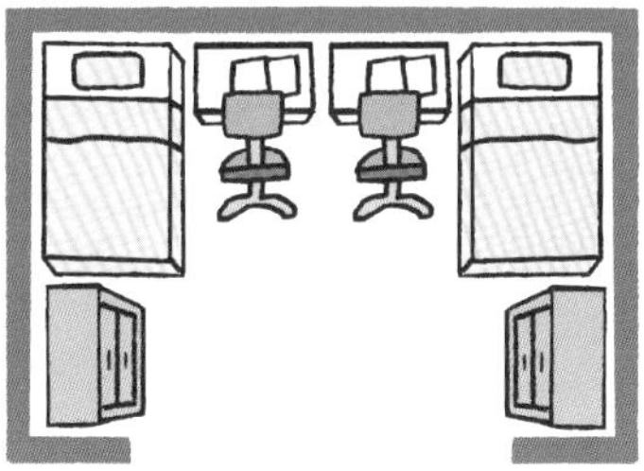

★國中以後

孩子逐漸長大後，需要保有個人的隱私空間，因此，要將房間改為可以獨自讀書及睡覺的空間。

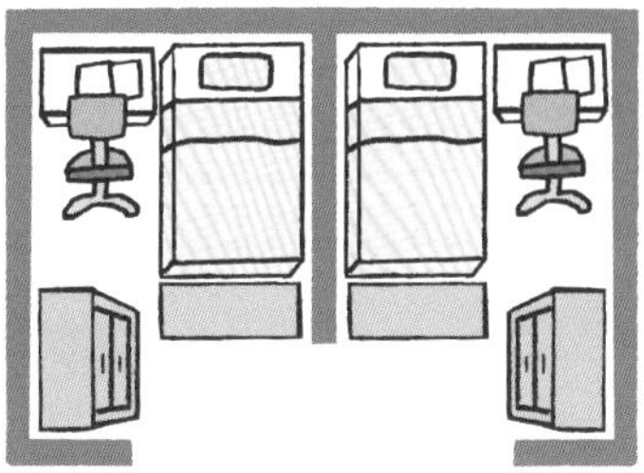

心照顧、鼓勵他們，就是父母最重要的責任，因此，小孩房的位置就越顯得重要。

小孩房不妨以家具隔間，方便日後調整格局配置

為了增加與家人碰面的機會，通往二樓的樓梯應該儘量與玄關保持距離，讓孩子通過有家人在的空間（如：客廳、廚房等），再上樓前往自己的房間。增加與家人碰面的機會，除了方便彼此相互關心，也能增加親子間溝通的機會！

雖然大多數人在建造住宅時，孩子的年紀都還很小，將來會發生什麼變化誰也無法預料，但還是可以藉由想像，判斷出適合小孩房的位置。

小孩房的內部配置，會隨著孩子的成長或當時的狀況產生改變，為了方便事後調整格局，不妨先以櫃子等家具來隔間吧！

37

考慮一家老小需求，打造最舒適的衛浴空間

確認家中的衛浴空間

★窗戶
盡量引進自然光線。窗戶的開關方式則視用途調整。
★牆壁
選用耐濕氣，紙質較硬的壁紙。
★開關
選擇寬版開關。
★門
拉門是較為理想的選擇。另外，為了避免跌倒時因門板破裂而受傷，最好選用不易碎裂的安全材質。
★磁磚
貼上適合的磁磚因應水氣。
直徑34mm的圓形扶手是最容易握住的尺寸。
★地面高低差
消除內外地面的高低差。
★把手
大尺寸把手方便使用。
★地板
選用耐水性良好的地板。

盥洗室

為了老後也能安心生活，建議牆面應預留安裝扶手的空間。

將盥洗室與更衣室合一，提升空間使用率

盥洗更衣室是洗澡前穿脫衣服時，站立或蹲下的地方，要不要在此處放置洗衣機，也會影響家事動線或收納空間。

有些人會將盥洗室與更衣室各自獨立，但我認為使用更衣室的時間很短，直接設置洗手台可以提升空間的利用率。

此外，高齡者不適合在冷天裡穿脫衣物，不妨考慮安裝暖氣，縮短更衣室與其他房間的溫度差異！

浴室不單單只是洗澡的地方，也有洗滌身心、消除疲勞的功用。**浴室的施工法可分為兩種，分別是「傳統工法」及「一體成形」。**

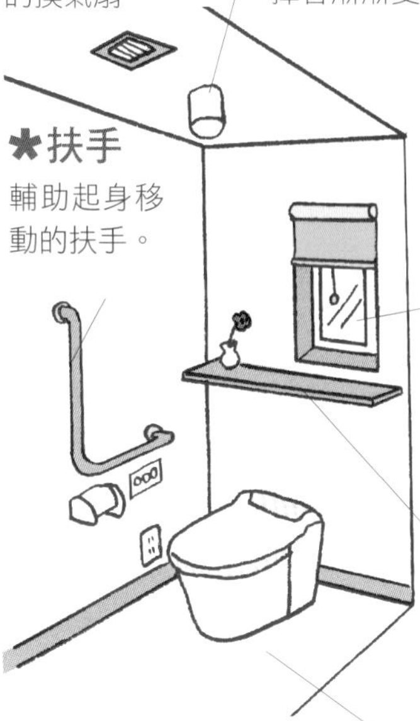

★換氣扇
附有定時功能的換氣扇。

★照明設備
選用感應式燈具。若想避免夜間上廁所時，燈光過於刺眼，可選擇會漸漸變亮的照明設備。

★扶手
輔助起身移動的扶手。

★窗戶
設置窗戶以確保良好的通風及採光。

★置物架
安裝置物架，可擺放花藝飾品妝點空間，緊急時也可充當扶手。

★地板
選用耐髒防滑的地板材質。

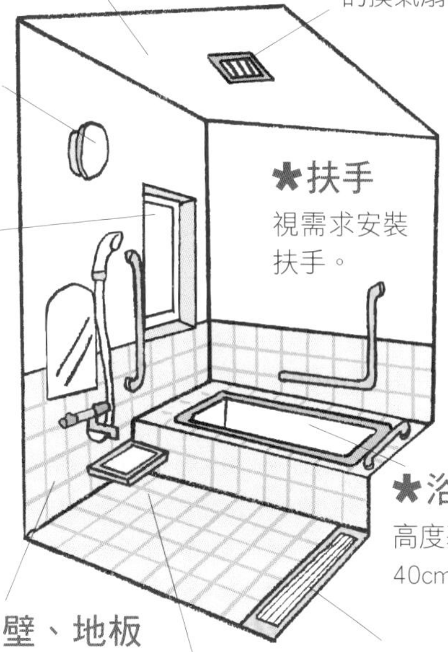

★天花板
浴室天花板應有適當的斜度，避免水滴直接滴落。

★換氣扇
安裝兼具換氣、烘乾及暖氣功能的換氣扇。

★照明設備
安裝燈具的位置要避免使人影映在玻璃窗上。

★扶手
視需求安裝扶手。

★浴缸
高度基準是40cm。

★牆壁、地板
選用耐髒汙的牆材以及防滑地磚。

★地板
地面坡度應朝向排水孔。

★出入口
浴室內外的地面高度相同時，需安裝排水用格柵板。

廁所
為了老後的生活及照護需求，廁所空間應保有足夠的深度及寬度。

浴室
設置窗戶兼具採光及空氣流通的效果。設置暖氣以減少浴室與客廳的溫度差異。

「傳統工法」是委由專門工匠建造，可以依照需求調整浴室的面積與形狀；「一體成形」的浴室則是利用現成材料及零件組裝而成，因素防水性高，沒有漏水的疑慮，可以放心地設置在二樓。此外，一體成形浴室的隔熱效果佳，就算寒冬洗澡也不會冷颼颼。

設置暖氣、風扇與扶手，小孩與高齡者都方便使用

廁所的目的十分清楚明瞭，就是排泄用的場所，這個行為講求高度隱私，在適度的狹小空間內進行，反而能獲得舒適感，是一個不需要他人協助的空間。

因此，相較於無障礙設計，我建議採用全方位設計，不妨依照家中成員的需求裝設扶手，讓小孩到高齡者都方便使用。

38

室內空間設計 ● **衛浴空間的設計問題**

衛浴規劃必須配合生活習慣，疏於思考，錯誤就跟著來！

衛浴空間處處是陷阱，了解常見錯誤，事先避免

我們會在衛浴空間內做包括站立、彎腰蹲下、坐下及脫衣服等各種動作，因此若空間設計不良，就會造成不便。接下來就讓我們逐項確認衛浴空間常見的問題吧！

關於隔間

- 從玄關就可以直接看見更衣室
- 客廳的門正對廁所不僅不方便進出，也會擔心上廁所的聲音被聽見
- 二樓廁所位在廚房上方，沖水的聲音難免令人介意
- 盥洗室的收納櫃太深，不方便使用
- 浴缸上方窗戶設置得太高，手完全搆不到

衛浴規劃常犯的三大錯誤

1 一出浴室，就冷到發抖

洗好澡走出浴室，必須通過玄關廳才能走回房間，冷天會冷到發抖。

2 廁所門的位置不佳

廁所的門正對客廳，當有客人來訪時，進出廁所會很尷尬。

3 介意二樓廁所傳來的流水聲

廁所設置於廚房正上方，難免會介意馬桶的沖水聲。

其他常見的錯誤規劃

浴室
不能安裝電燈開關或是毛巾架
盥洗室拉門

盥洗室收納櫃

拿不到裡面的東西！

手搆不到啊
在浴缸上方設置高窗

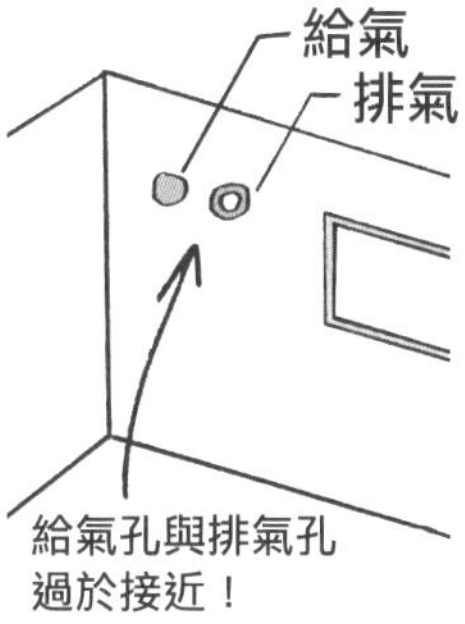
給氣
排氣
給氣孔與排氣孔過於接近！
氣孔的位置

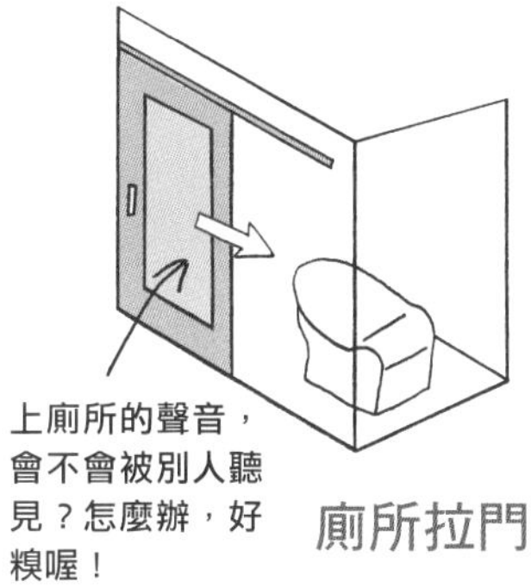
上廁所的聲音，會不會被別人聽見？怎麼辦，好糗喔！
廁所拉門

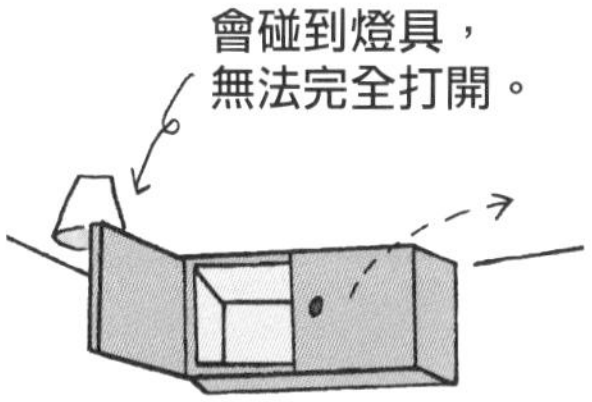
會碰到燈具，無法完全打開。
對開式收納櫃

關於門窗

- 盥洗室採用拉門設計，無法安裝開關或毛巾架
- 毛巾架設於浴室門後方，不便拿取
- 廁所採用拉門設計，會擔心上廁所的聲音被他人聽見
- 洗衣機放在盥洗室內，導致出入口變得狹窄難以進出。
- 在洗手台上方收納櫃的門，開啟時會碰到照明燈，沒辦法完全打開。

關於家庭設備

- 因為安裝位置的問題，更衣室的換氣扇吸入浴室濕氣
- 給氣孔太接近排氣孔，影響室內換氣效果
- 供水用水管使得廁所部分牆壁增厚，空間變得狹窄
- 為了方便維修保養，應設置地板下檢查口

室內空間設計●家事動線

洗衣機與曬衣場的相對位置，會決定「做家事」的速度

將洗衣機放在二樓吧！

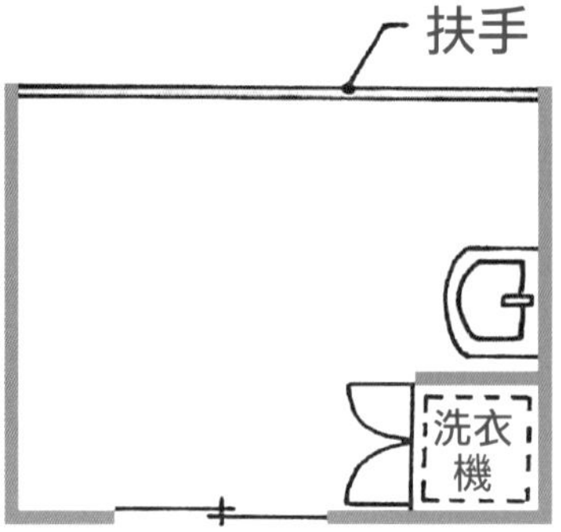

★陽台

衣服一洗完就可以立刻晾，這是最輕鬆的方式，但麻煩的是必須將脫下來的髒衣服搬到陽台來洗。

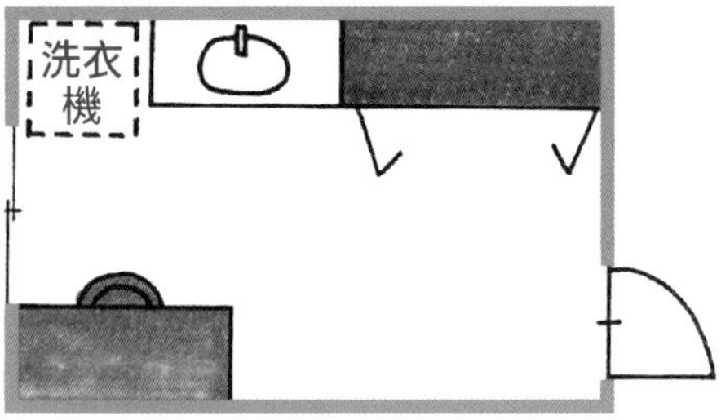

★置物間

在二樓設置家事專用空間，就能一次完成洗衣、晾曬及摺衣物的工作，十分方便。

決定洗衣機到曬衣地的動線，做家事事半功倍

家中空間夠大的讀者，可以設置專用的「家事空間」，但考量面積及預算問題，一般來說只要規劃一條便利的家事動線就夠了。

家事動線當中最重要的就是「洗衣動線」。所謂的洗衣動線，指的是從洗衣機到曬衣場的動線，只要洗衣動線規畫良好，其他的家事也就不成問題。

至於洗衣機的位置，有些家庭為了方便會放在廚房旁邊，據我所知，也有許多家庭是放在盥洗更衣室的。其實，洗衣機並沒有特定的放置場所，只要依照每個家庭的生活習慣放置即可。

將洗衣機放在一樓吧！

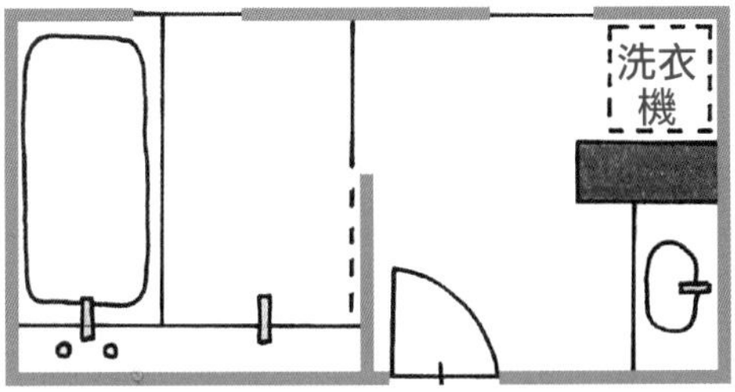

★浴室＋廁所＋盥洗室

將浴缸、洗手台、洗衣機、馬桶設置在同一空間，是適合小家庭的配置方式。

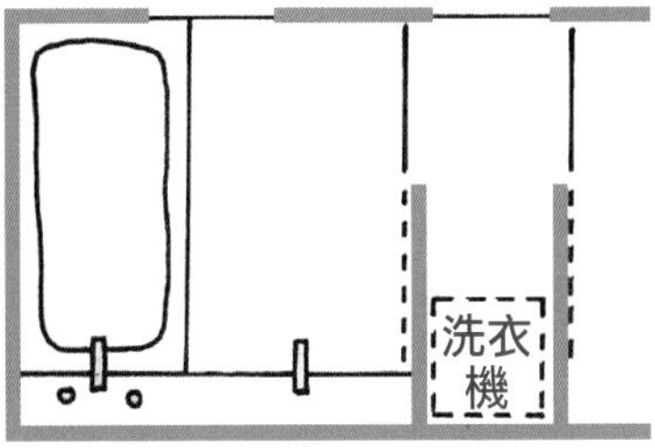

★更衣室

脫下來的衣物可以立刻放入洗衣機。如果一樓有曬衣場，家事效率更佳。

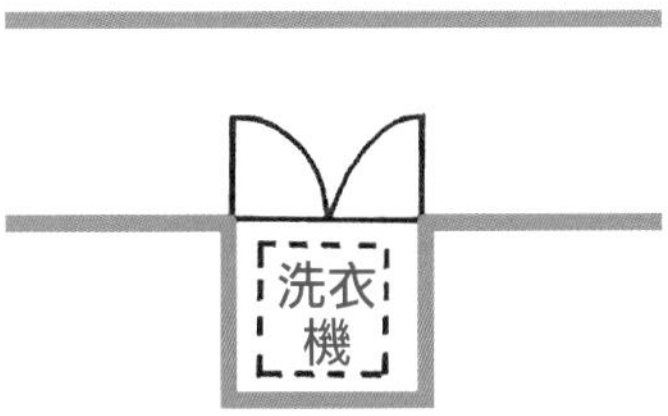

★走廊或樓梯下方

利用走廊或樓梯下方的空間死角。洗完衣物後，可以立刻拿到二樓晾曬。

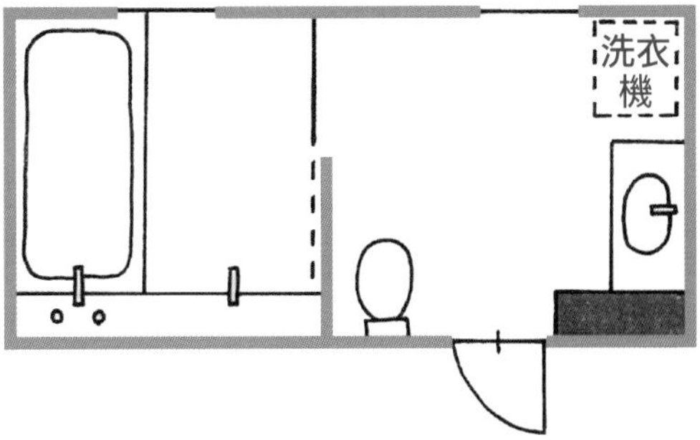

★盥洗室

如果有人正在使用洗手台，就很難同時洗衣服，因此需要制定家庭規約。

曬衣空間不要僅限一處，規劃三個以上最便利

那麼，曬衣場的情況又是如何呢？曬衣場無法像洗衣機一樣，配合生活型態變換地方，但隨著生活型態的改變，偶爾也會有想要變換場所的念頭。

舉例而言，原本將洗衣機放在一樓，曬衣場設置在二樓，在還年輕時，體力上或許沒有太大的問題，但隨著年紀增長，提著剛洗好又濕又重的衣服爬上二樓，是既吃力又危險的行為，如果一樓又只有室外曬衣場，一旦遇上陰雨綿綿的氣候，洗好的衣服就只能晾在客廳或臥室了。

為了避免類似的困擾，曬衣空間不能只限定在一處，從規劃階段就要事先想好幾個地方，例如：一樓的露臺、二樓的陽台，此外，也要準備一處可以曬衣服的室內空間，有三處以上的曬衣空間是最理想的狀態。

40

室內空間設計 ● **衛浴空間的配置**

廁所、浴室、盥洗室，都有它們的最佳位置

室內空間規劃的「鸚鵡螺法則」

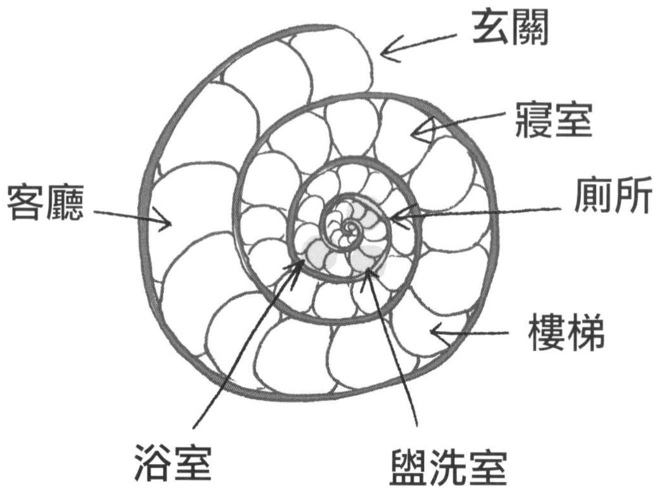

★越往裡面，隱私性越高

鸚鵡螺的構造就像是由許多房間，由外而內、由大至小相連而成，和室內空間規劃有異曲同工之妙，而螺旋的最深處，就是隱私性高的衛浴區。

衛浴配置把握兩大重點，兼顧「便利」與「隱私」

浴室位置的規畫有兩大重點，一是選擇靠近臥室，二是家事效率較佳的位置。

浴室靠近臥室能確保隱私，也非常適合習慣在睡前洗澡的人；而家事效率佳的位置，是指將浴室設置在廚房或是廁所附近，以廚房為中心集中「衛」、「浴」、「廚」三大用水空間，可以提升做家事的時間效率。

另外，設置高窗可以有效排出浴室濕氣，不過還是必須考量其他房間的窗戶高度、大小等視覺上的均衡感，以及鄰居的視線等細節。

將盥洗室與更衣室規劃在同一個空間是近幾年的趨勢，但我認為兩者

三步驟，規劃最合適衛浴空間

	廁所	盥洗更衣室	浴室
配置計畫	● 設置在全家人都方便使用的地方 ● 靠近臥室較為便利 ● 考量採光、通風	● 考量與浴室、廁所的位置關係 ● 設置洗衣空間時，需考慮洗衣動線 ● 考量採光、通風	● 靠近更衣室，或是可從更衣室直接進入浴室 ● 考量採光、通風
空間規劃	● 選擇型態： ❶ 只有廁所（包括洗手台） ❷ 廁所＋盥洗室 ❸ 廁所＋盥洗室＋浴室	● 是否放置洗衣機 ● 考慮兩人同時使用的可能性 ● 確認牆壁可安裝毛巾架、扶手	● 在出入口正面設置浴缸 ● 或是將浴缸設置於出入口的左右側
空間大小	● 有效空間尺寸須超過78cm x 135cm ● 馬桶四周預留空間，方便將來裝設輔助設施	● 出入口的有效尺寸為75cm ● 考慮是否能擺放洗衣機、操作空間是否足夠 ● 確保足夠收納空間	● 出入口的有效尺寸為70cm以上 ● 通常浴缸的高度須離地面約40～50cm

的功能完全不同。

盥洗室是全家人洗臉、刷牙的地方，換句話說這個空間具有家人共用的要素，而更衣室是洗澡時穿脫衣服的地方，需要有高度的隱私。

不過由於穿脫衣物的時間短暫，為了提高使用頻率而將兩者合併，也並無不可，但如果沒有適當的收納空間，就容易變得雜亂無章。

至於廁所，通常會設置在浴室、盥洗室或更衣室的附近，這麼做不僅能集中供水及排水的管線，也比較容易維護保養。

廁所以往通常只設置在一樓，近年的趨勢則是設置兩間廁所，一樓的是家人及訪客共用，二樓的則為家人專用。

此外，因為空間有限，有時也會將廁所設置在樓梯下方，這種配置必須留意廁所天花板的高度、採光、通風、換氣風扇等細節。

室內空間設計 ● **聰明收納**

41 將「常用」、「不用」分門別類，是居家收納的不二法門

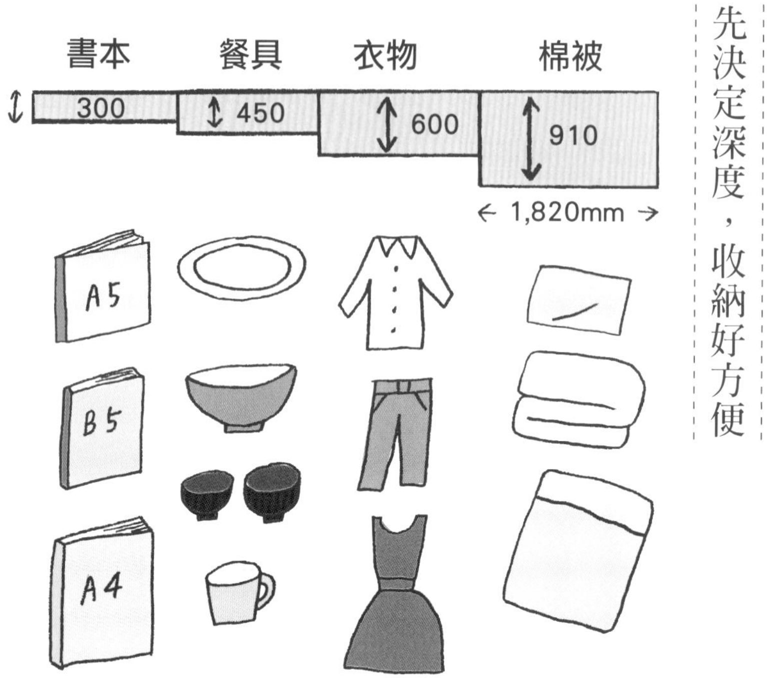

★按照物品尺寸，決定收納櫃的深度

如果不按照物品尺寸，事先決定收納櫃的深度，就會出現不好取出或不好收納的困擾。書本、餐具、衣物、棉被等經常使用的物品，建議可採用「折疊」、「堆疊」、「直立擺放」收納法。

有計畫的設計收納空間，就能有效避免凌亂

重新檢視自己的性格或生活習慣，收納方式也會隨之改變，如果你是事事要求精準認真型的人，可以採用外露式收納；而個性粗線條的人，則要選擇有門的收納櫃，此外，也有擅長淘汰舊物的人，和不會淘汰舊物的人，**依照每個人不同的性格，對於收納空間的規劃也要有所不同。**

生活中隨處充斥各式各樣的物品，我們不能控制物品的數量，所以更應該將精力放在提升收納效率上。

我認為收納的目的並不是收拾物品，而是使物品方便取用，建議各位不妨每年用心整理一次物品，擬定符合生活習慣的收納計畫吧！

依使用頻率，變更收納方式

★常用小物

指甲刀、剪刀這些經常使用的小工具，可以收納於固定的抽屜中。

★共有書櫃

將字典、地圖、雜誌等大家閱讀的書籍，收納於客廳書櫃。

★鞋櫃

鞋櫃應放在玄關，方便穿脫，並將每個人的鞋子分開收納。

★置物櫃

吸塵器放在置物櫃最前方，不要拆除軟管，需要時不用組裝就可立刻使用。

★盥洗室

將每天使用的物品及庫存品分開收納。

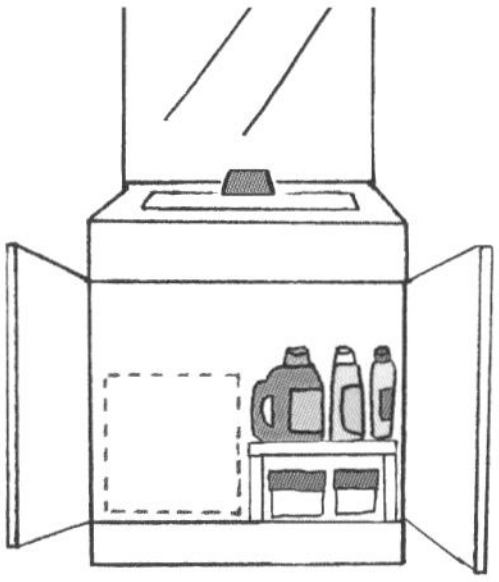

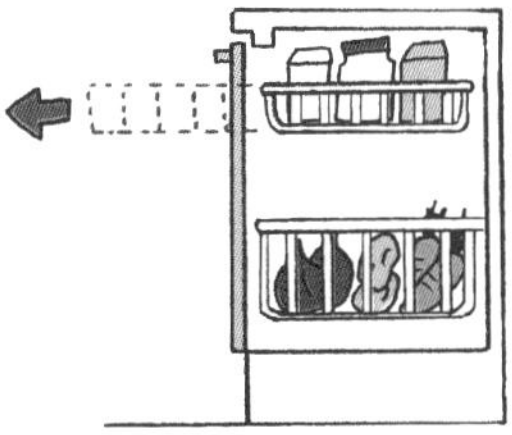

★食物櫃

設置食物櫃，收納冰箱放不下的食物。

下列是收納計畫的五項重點：

❶為每個房間擬定不同的收納計畫
❷將物品放在方便使用的地方
❸比起寬度，收納空間深度更為重要
❹預留可因應將來需求的收納空間
❺活用零星的空間

收納的要點是：每個房間只收納那個房間會用到的東西，並採取方便使用的方式收納。

另外，也可以依物品的使用頻率分門別類，例如：經常使用、偶爾使用，或是只有特別的日子才使用的物品等，予以適當的收納。也可以按照該物品是家人共用或是個人使用，分別收納於客廳或房間。

由於物品的尺寸大小不一致，收納櫃設計得過深或過淺都不好使用，但我認為相較於寬度，確認收納空間的深度，才是設計的重點所在。

42

室內空間設計 ● **房屋耐震度**

備齊六大防震條件 打造「永久耐震」堅固宅

提高耐震性的六大要件

★有效的承重牆

就像保護自己的身體一樣，請確保承重牆的結構完整。

★穩固的地基

如果沒有穩固的地基，一切都是枉然。

★穩固的地板

為了讓房屋能夠順利抵銷所承受的剪力，必須依賴穩固的牆壁與地板。

★四周均衡的承重牆

住宅耐震最重要的關鍵在於平衡，請確認房屋結構是否平衡。

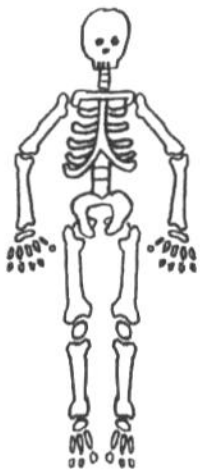

★適當的接合零件

就如同關節連接身體骨頭般，假使沒有確實接合建材，房屋恐怕會四分五裂。

★強度足夠的結構材料

建造堅固的家必須使用具有一定強度的建材。

確認整體建築結構，提高「住宅耐震度」

決定大致的住宅格局之後，接下來就要確認住宅結構。這必須尋求專業人士的協助，全面性地考量住宅格局及結構，加深自己對於建物耐震度的理解，才能在地震來臨前做好應對措施。

在建造過程中為何不會傾倒？這是因為建築物對於建築物本身的重量、家具、居住者的承載力，早在建造前就經過縝密的計算，這些東西長時間施加的重量，我們稱之為「垂直載重」。

除了垂直載重外，建築物也必須承受來自橫向的壓力，稱之為「水平力」，簡而言之就是地震或颱風的力

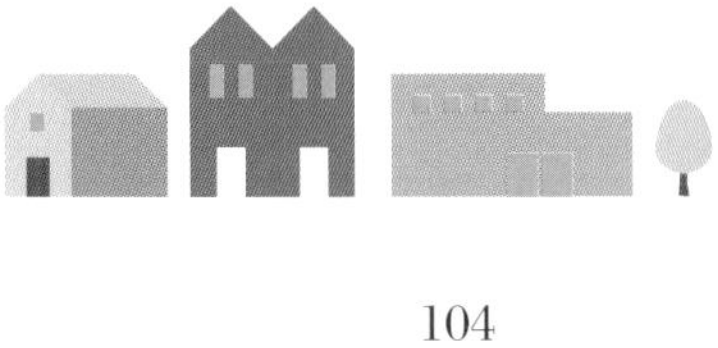

均勻配置牆面，就能提高耐震度

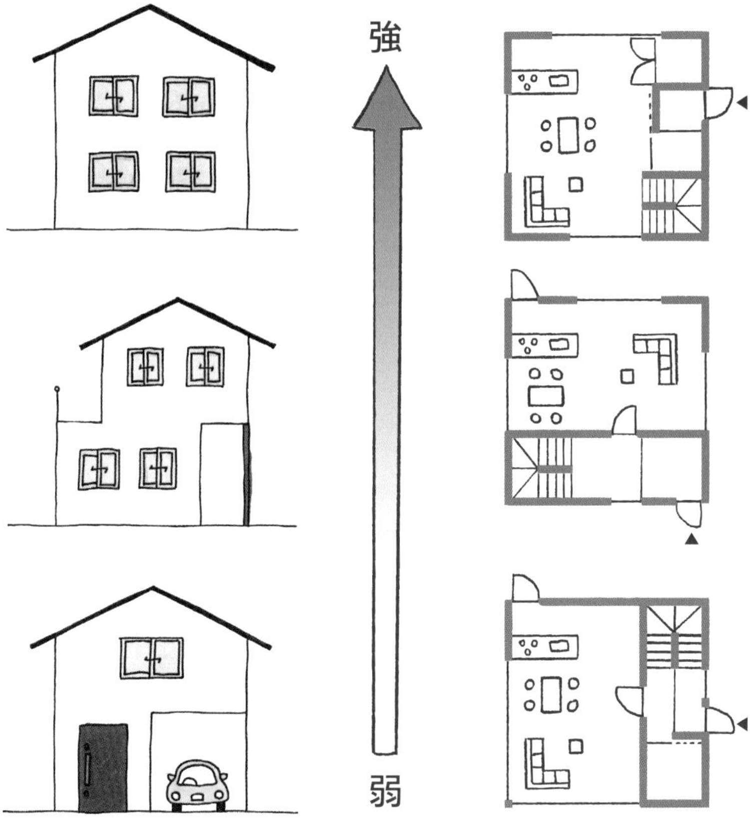

★牆壁與平衡

輔以斜撐的牆壁或是使用結構用合板，構築能夠承受地震力的承重牆。若能均衡配置牆壁數量，就能建造堅固的房屋。

量。縱向及橫向力量的性質不同，而建造的基本原則就是，建築物必須能同時承受來自縱向及橫向的力量。

獨棟建物的承重牆是承受垂直載重的主力結構，如果住宅較重視採光，通常會於南側保留較大的空間裝設窗戶，而北側則比較小。假設南側完全沒有承重牆，完全偏重北側，那麼一旦發生地震或強烈颱風，就會扭曲往南側傾倒，或是發生房屋變形的情形。

關於房屋的耐震度，還有一點我希望各位能充分理解，那就是**建材強度與房屋整體的耐震度完全是兩回事，比較個別建材的強弱程度，並不具有太大的意義。**

還是要打好地基，再以適當的建材補強，以確保整體建物的均衡耐震度。因為即使建材十分耐震，如果連接部分的施工品質不佳，當遇到較大級數的地震時，還是會發生災害。

43

室內空間設計●因應將來的格局變化

因應未來家族成員變化，裝設「方便拆除」的隔間牆

家庭型態會隨著時間產生變化

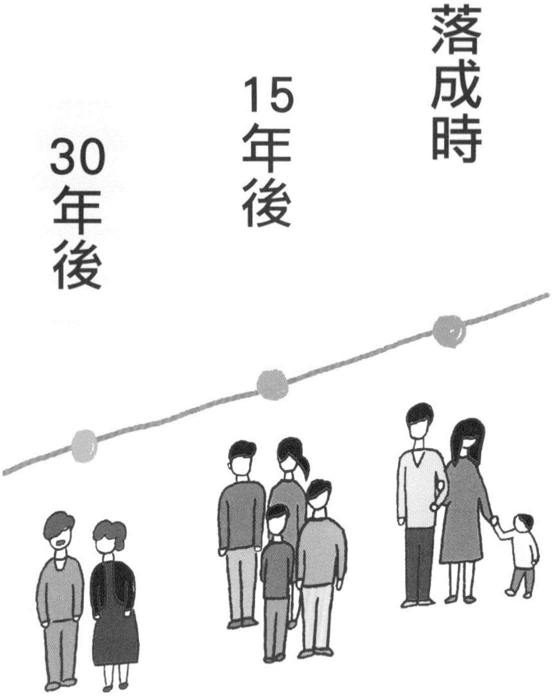

★讓計畫趕得上變化

新居落成時的家庭型態雖然因人而異，不過任何家庭都會隨著時間產生變化。為了因應日後的變化，可以只採取必要的隔間設計，剩餘的就按照小孩的年齡及人數，使用家具區或是不影響建築結構的隔間牆區隔空間。

以隔間牆或拉門隔間，事後折除毫不費力

決定了大致的住宅格局，也初步確定承重牆的位置之後，接下來就要討論隔間牆。

就建築結構而言，承重牆不能隨意敲掉或移動，但隔間牆卻是可以敲掉或移動的牆壁。**無法預測將來會如何使用的空間，建議不妨使用隔間牆、拉門或家具來隔開空間。**

高度達天花板的拉門，將來不需要時可以輕易拆除；若是以家具分隔空間，則只要移除家具即可；如果採用隔間牆，可以進行小規模改造拆除牆面。

事前沒有計畫，等工程完成後才裝修的例子很多，例如，「以隔間牆

容易裝修、改造的隔間設計

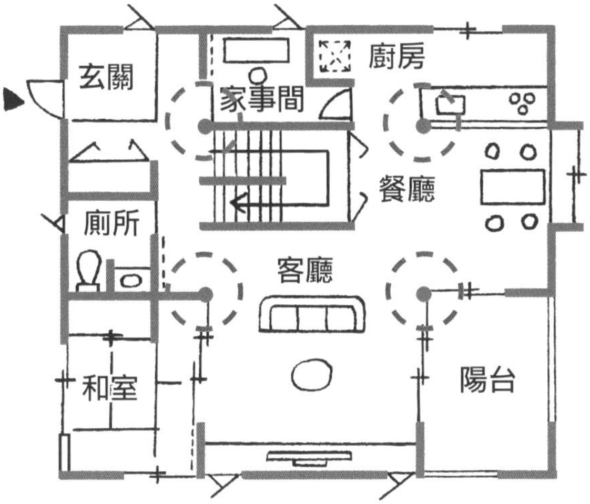

★樑柱的位置

建築物的樑柱與承重牆同樣重要。經過計算且取得良好平衡的建物骨架，也能提高隔間設計的自由度。

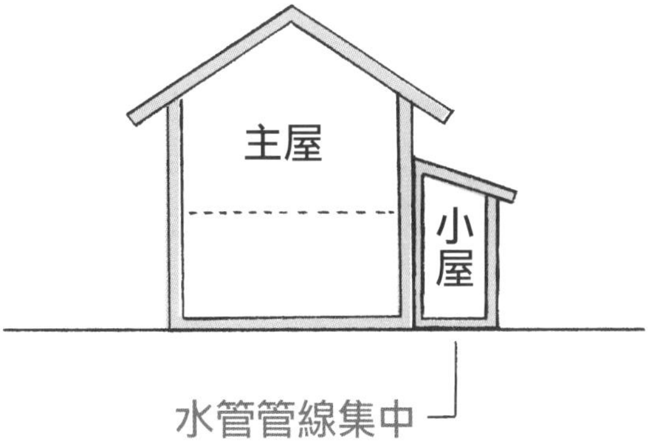

★需要使用水的區域可集中在主屋後方的小屋

即使建物結構能夠維持數十年，但是水管等管線仍有其使用年限。可將浴室及梳洗室集中於主屋後方的小屋，方便未來整修施工。

隔成2間小孩房，因為孩子已經長大離家，想改成一間房」、「本來為雙親在客廳旁設置和室，結果取消同住計畫，所以想要拆除和室的牆壁，規劃成榻榻米區」等等，每個家庭想要改造房屋的理由都不相同。

隔間牆容易拆除，裝修成本也不會太高，但是改造和室時，因為地板高度與客廳有差異，工程規模超出預想的範圍，費用也會比較高。因此建造時讓和室地板的高度與客廳相同，以無障礙空間的型態呈現也是不錯的方式！

如果在隔間牆上裝設很多開關或插座，拆除牆壁時會造成麻煩，所以**要盡量避免將電氣設備安裝在隔間牆上，冷氣空調也盡量裝設在其他牆面**，這些都是必須事先規劃的細節。

為了因應家庭成員的變化，從設計階段起就討論隔間牆的配置，將來需要改造時也會比較容易。

44

室內空間設計 ● **窗戶的種類**

你想看見什麼風景？慎選窗戶種類，讓視野更開闊

窗戶形狀、位置、大小，是採光和通風的關鍵要素

想要有良好的「採光」及「通風」，就必須裝設窗戶，尤其想要擁有舒適的居家環境，窗戶就發揮了非常大的功能。

決定採用何種形式的窗戶，也是室內空間規劃要留意的重點之一，必須考量如何連結內部與外部環境，只要能充分理解窗戶的功能，就能掌握得宜。

雖然所有窗戶都具有穿透光線、風及視線的功能，但是依形狀、大小、開關方法的不同，窗戶的功能還是會有所不同，必須因應窗戶的位置、方向、大小尺寸、房間的用途來選擇窗戶的種類。

窗戶位置不同，效果也不同

★半腰窗

窗戶高度約位在腰部左右。

★落地窗

可以出入室外的大型窗戶。

★高窗

高度接近天花板的窗戶，主要目的為採光，也兼具防盜功能。

★低窗

接近地面的窗戶。兼顧鄰居隱私的窗型。

窗戶的形狀及開關方法

	內開窗	推射窗	兩扇式橫拉窗	對開式推射窗
形狀	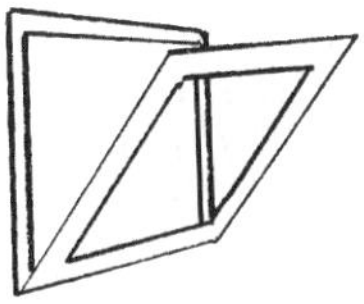	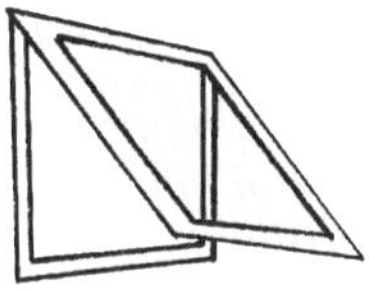	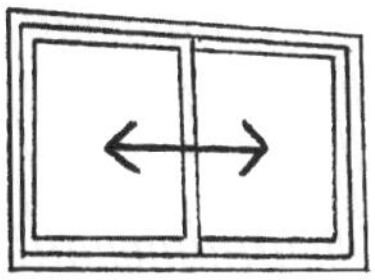	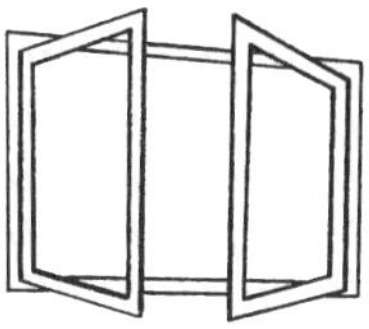
特徵	窗戶向內開啟，適合裝設在高處。可有效採光及通風。	外推打開型的窗戶。由於向外突出，為避免碰撞頭部，必須留意安裝高度。	左右兩扇玻璃窗橫向滑動開關窗戶。左右均可開啟，適合換氣及採光。	旋轉軸部以開啟、關閉窗戶。必須預留足夠空間以便開關。全開時十分舒適。

	固定窗	上下拉窗	垂直旋轉窗	水平旋轉窗
形狀		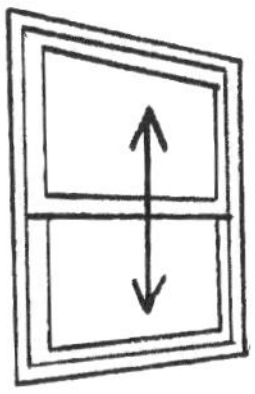		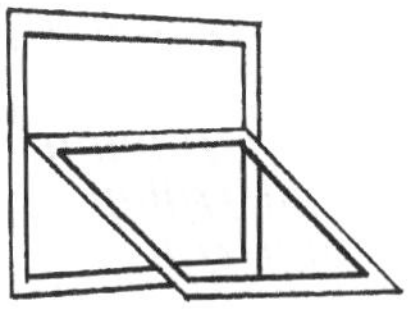
特徵	不能打開的窗戶。由於無法拆下來打掃，必須事先想好清洗方法。	兩片玻璃上下滑動開關窗戶。上下均打開時，空氣會從下方進入，由上方排出。	沿窗框設置滑軌，窗戶沿滑軌向外側開啟。開口的面積較大。	窗戶開啟時的形狀如遮雨屋簷，下小雨時，仍可打開窗戶通風。

舉例而言，郊外的住宅或別墅，如果想讓窗外的自然美景盡收眼底，就要選擇大面積的落地窗；如果是位在住宅密集、日照條件不佳的地區，就要利用高窗，讓光線進入室內，改善採光。只要像這樣，依照土地條件的不同，使用不同的窗戶，就能得到良好的採光。

另外，**設置在屋頂的天窗則不受季節變化的影響，是效果最好的採光方法**，但是要有隔熱或防日曬加工，並且加強防水施工。

至於窗戶的高度，常見的安裝高度是在腰部以上。以往的主要窗型是方便使用的雙面橫拉窗，近年來受到歡迎的是推開窗的型式，推開窗的好處是簡潔俐落的設計感且良好的對流效果。

不同的窗戶種類，有不同的功能與特徵，除了容易開關之外，充分理解窗戶的功能及特徵，在適合的地方裝設適合的窗戶吧！

45

室內空間設計 ● **窗戶的功能**

選擇好的變頻冷氣，不如換一扇「節能窗」

事先擬定保溫及隔熱對策

★保溫玻璃窗要裝在「房屋北側」

不讓室內的暖空氣流失，同時引進溫暖的冬陽。

★隔熱玻璃窗要裝在「房屋南側」

反射陽光，防止室內溫度因日照而上升。

選擇隔熱窗、氣密窗，大幅節約冷暖氣耗電量

建造節能住宅的最大關鍵，在於如何控制熱能的吸收與流失。一般家庭消耗的能源當中，冷暖氣所占比例約為總消耗能源的三成，因此**在規劃住宅格局之際，只要採用可以調節熱能、隔熱效果佳的構造，就能節約冷暖氣的耗電量。**

節約的具體方法有兩種，一是「隔熱化」，減少熱能從天花板、牆壁、地板或窗戶傳入的；二是「氣密化」，防止熱能因空氣對流而散失。

在隔熱方面，如何減少窗戶吸收熱能是最大關鍵，因為在冬季約有48%的熱能會從窗戶流失，而夏季則有71%的熱能會經由窗戶進入屋內。

各種窗型的效果實例

★北側窗戶
採用保溫玻璃，預防結露現象。

★南側窗戶
採用具隔熱效果的玻璃。

★考量防盜需求
採用壞人無法入侵的窗型。如考量防盜需求，可使用防盜玻璃。

★防止火勢蔓延
設置於挑高處的高窗，採用非損傷性且具防火性能的玻璃。

依生活需求不同，選用各種特殊窗形

使用雙層或多層玻璃的窗戶，是節能的最佳方法。而多層玻璃當中，又有一種兼具保溫及隔熱功能的LOW-E多層玻璃（又稱為節能玻璃），兩片玻璃之間的中空處約有6公厘的空氣層，可以降低輻射熱的流動。

外層玻璃的內側塗布特殊金屬膜，只有可見光可以通過，紫外線及帶有熱能的紅外線無法通過，防日曬效果絕佳。

保溫效果優異的玻璃窗裝設於房屋北側，可以預防結露；而隔熱效果佳的玻璃窗則建議安裝在容易西曬的地方。

除了上述幾種類型，市面上還有防盜玻璃及防火玻璃等各種窗型，請因應周邊環境安裝適合的窗戶，一起用心營造舒適的室內環境吧！

46

善用「地下室」和「頂樓」，發揮空間最大效益

2種地下室規劃案例

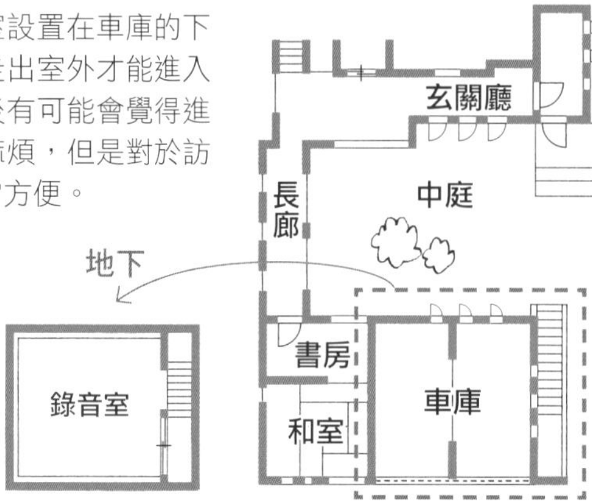

★不好使用的地下室

將錄音工作室設置在車庫的下方。必須先走出室外才能進入地下室，日後有可能會覺得進出地下室很麻煩，但是對於訪客來說卻相當方便。

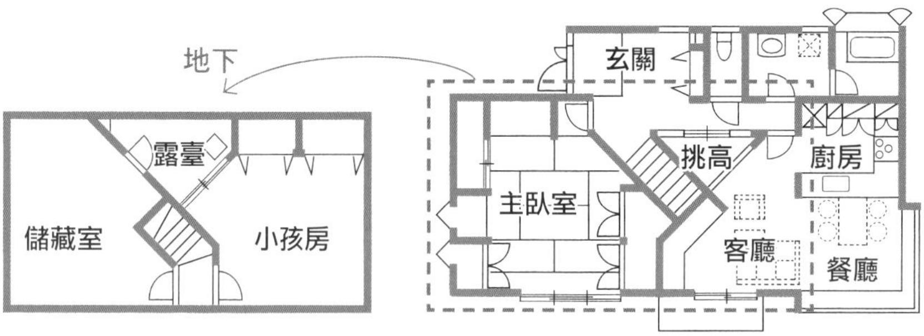

★方便好用的地下室

將儲藏室兼樂器練習室及小孩房設置於地下室，就不會受到外部的視線及噪音干擾，有助於專心練習。另於住宅中央採用三角形挑高設計，可由上方採光。

改善對流、潮溼等問題，打造舒適安靜的地下空間

在地價高昂的都會區，許多住宅會設置地下室，這雖然會增加建造的成本，但卻是發揮坪效的最佳方式。

因為隔音效果優異，地下室很適合當作樂器練習室或家庭劇院，此外也不會受到屋外視線或吵雜聲的干擾，很適合當作臥室或書房，享受片刻的寧靜時光。

缺點則是地下室的空氣不流通，必須注意濕氣或霉味問題。為了避免蓄積濕氣，**保持良好的空氣循環流通及有效的換氣計畫，是規劃地下室空間的必要條件。**

頂樓空間的創意新提案

★家庭菜園

沒有足夠空間設置庭院時，不妨利用頂樓，打造自己的空中庭園。

★遊戲空間

只要有完善的安全措施，頂樓也能擺放玩具，成為孩子的遊戲空間。

★休憩空間

在頂樓喝喝咖啡，享受閱讀之樂也是不錯的休閒方式。

★觀賞風景

從頂樓觀煙火、眺望遠山、行駛中的列車以及美麗的星空。

★運動空間

可以做為練習高爾夫球揮桿、棒球投球，或是活動筋骨、伸展身體的運動空間。

妥善規劃頂樓空間，讓生活多一點樂趣

「想在頂樓烤肉」、「夢想有一座空中菜園」、「想要一抬頭就能看見滿天星斗」……每個人想使用頂樓空間的理由都不同，但共通點都是體驗於日常的生活，打造一個有「附加價值」的空間。尤其是孩子還小，整日身處在狹小空間內又想要從事戶外活動時，頂樓就是可以有效利用的絕佳空間。

不同於講求耐震或隔熱效果的住宅基本需求，使用頂樓空間的理由通常與生活型態有關，但是如果只是抱持「好像很有趣」、「好像可以拿來做點什麼」的想法來規劃頂樓，最後只會浪費空間，因此請確實思考後再進行規劃。

值得注意的是，頂樓地面坡度超過五十分之一，就容易出現積水問題，在規劃之前請務必留意。

47

室內空間設計 ● **設備選擇**

冷暖氣、按摩浴缸、電子鎖，這些設備，是奢侈還是便利？

如何選擇家電設備？

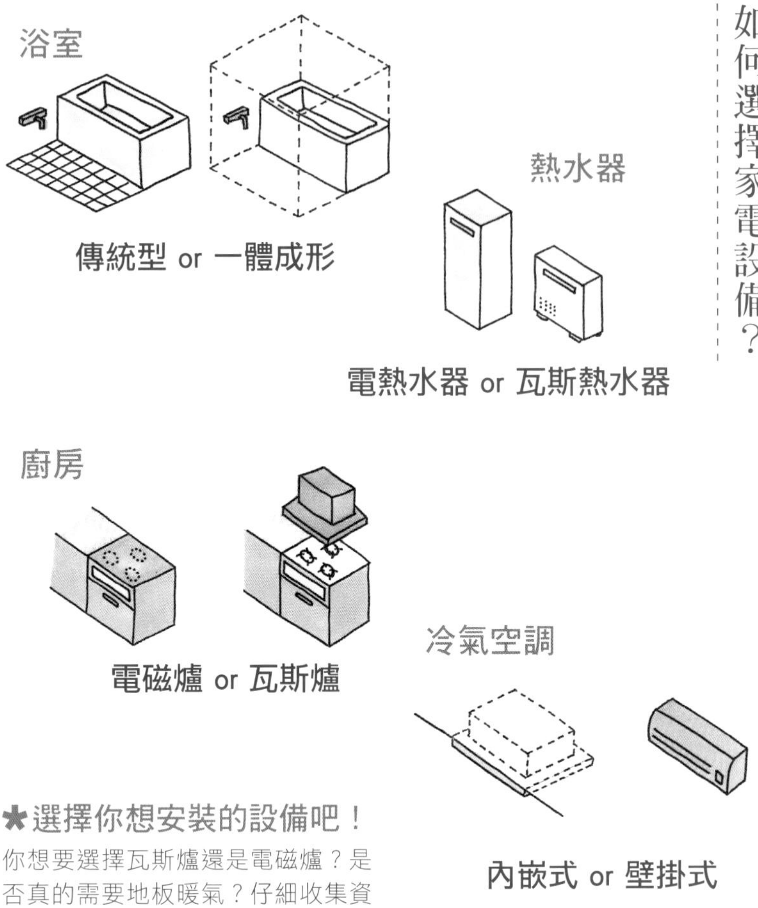

★選擇你想安裝的設備吧！

你想要選擇瓦斯爐還是電磁爐？是否真的需要地板暖氣？仔細收集資料，充分瞭解各種設備的功能，才能夠擁有精準的採購眼光喔！

這些東西，真的需要嗎？請重新檢視每日生活

購入新的家電設備，可以讓人真實感受生活的富足，充分運用得宜，更能提升生活舒適度，但如果未經評估就購買各種先進家用設備，事後一定會發現很多設備根本派不上用場。

選擇家用電器設備時，不能受到產品資訊迷惑，必須擁有挑選適合產品的精準眼光。**建議各位可以參考以往的經驗，選擇適用的家電設備，同時也仔細思考這些設備是否真的符合生活需求。**以下列出幾種必須討論的設備項目：

- **廚房：是否有天然瓦斯、洗碗機、淨水器**

遠端遙控，便利滿點！

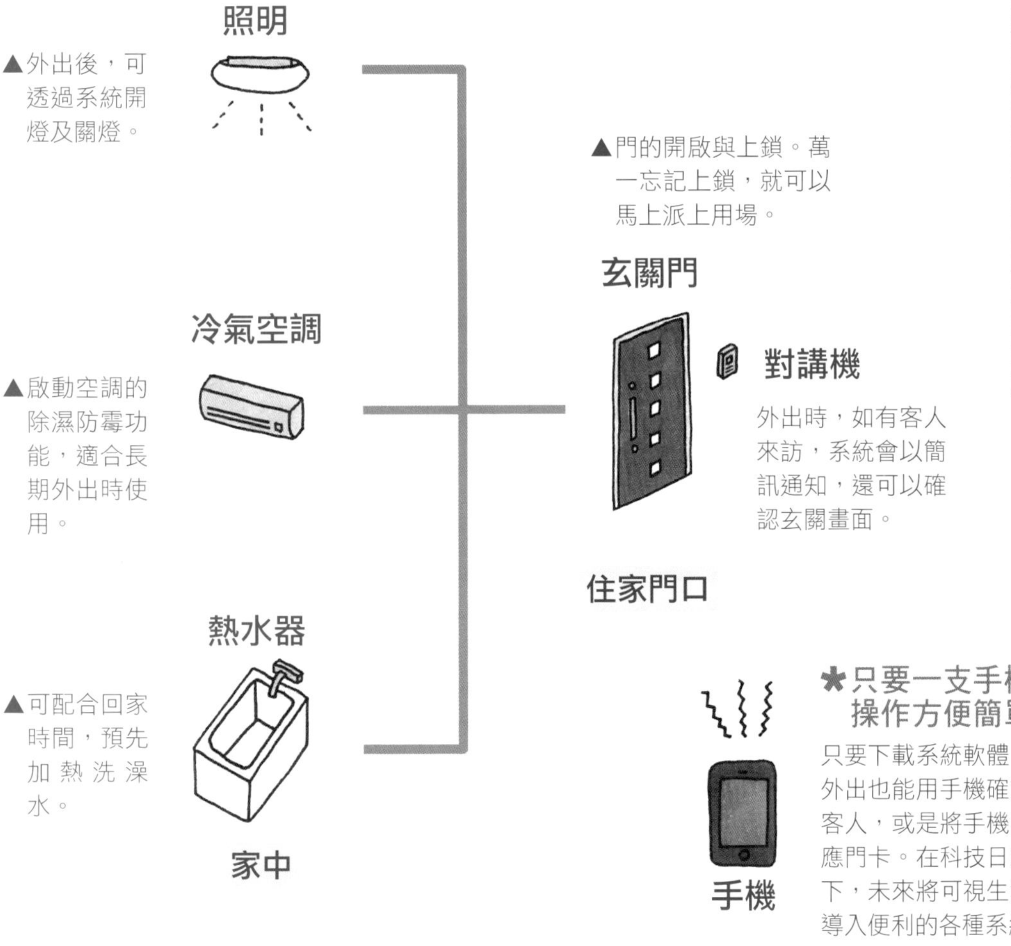
★只要一支手機，操作方便簡單！
只要下載系統軟體，即使外出也能用手機確認來訪客人，或是將手機當作感應門卡。在科技日新月異下，未來將可視生活需求導入便利的各種系統。

- 浴室：採用傳統工法還是一體成形、是否有暖氣烘乾機、按摩浴缸
- 熱水器：電熱水器、瓦斯熱水器
- 玄關門：是否有電子鎖
- 冷氣空調：具有什麼特殊功能
- 其他：是否有壁爐、暖爐等保暖用設備

除此之外，還有馬桶座的功能、洗手台的設置、水龍頭的功能等等，可選擇的設備非常多。

其中，暖氣及冷氣屬於季節性的家電設備，各位在購買時或許會感到猶豫，擔心自己重複花費吧！為了避免浪費，**必須考量房間面積的大小或是有無挑高等細節**，仔細評估後再決定購買何種設備。

現代家電設備功能越來越齊全，今後的選擇也將會持續增加，所以更加需要具備精準的採購眼光，才能購買到適合自己的家電設備。

48

室內空間設計●室內環境重點整理

先從「大範圍」著手，再逐步確認各項細節

空間規劃最容易忽略的問題

★插座

樓梯周邊有設置插座嗎？

★玄關、樓梯的「有效寬度」

搬運家具或冰箱時，玄關及樓梯的寬度是否足夠？

★換氣扇

請在鞋櫃或是北側通風不良的地方加裝換氣扇。

想跳脫格局迷思，先掌握七大區規劃原則

你是否曾經有過收集了許多資訊，卻不知道該如何處理的經驗？收集的資訊越多，就越容易混淆，彷彿走路難解的迷宮深處。其實，只要確實掌握基本原則，就能從住宅空間規畫的迷宮中脫身。

住宅格局的基本原則是「分區計畫」，只要掌握分區計畫，就能掌握居家格局的好壞，接著再確認通道動線、家事動線以及採光或通風狀況。

先從大處著手，再逐步確認細項內容。在這個過程當中，幫助自己想像未來的家庭生活景象，似乎逐漸掌握生活的主軸呢！

Check！室內空間規劃的主要項目

		項目	確認
玄關	1	是否已考慮與停車場的位置關係？	☐
	2	是否已保留裝設信箱的位置？	☐
	3	玄關門廊與玄關內的高度差異是否在5cm以內？	☐
	4	窗門開口處的有效尺寸是否達80cm以上？	☐
	5	鞋子、雨傘、戶外用品、外套等收納空間是否足夠？	☐
	6	為了將來增設扶手，是否建造堅固的基礎？	☐
走廊・階梯	1	是否能夠順暢的移動至其他房間？	☐
	2	樓梯上部是否有轉彎處？	☐
	3	每階高度＋踏板深度的合計數字是否接近參考基準的45cm？	☐
	4	隔開房間的走廊、北側的樓梯是否已採取排除濕氣的對策？	☐
	5	是否設置打掃用，或是季節性家電的插座？	☐
	6	是否留意扶手的形狀、裝設的位置？	☐
客廳・餐廳	1	是否用心規畫設置幾個可供家人同聚的地方？	☐
	2	是否將客廳、餐廳配置在房屋的中心位置？	☐
	3	是否已確認與廁所的位置關係？	☐
	4	是否用心思考廚房與餐廳的連結？	☐
	5	是否配置在明亮、通風、對流好的地方？	☐
	6	餐廳的面積是否有達到參考基準10～15m^2？	☐
	7	客廳的面積是否有達到參考基準15～20m^2？	☐

廚房	1	廚房是整體家事的中心點，是否位在擔負中心功能的位置？	☐
	2	廚房位置是否發揮連結客廳、餐廳的功能？	☐
	3	是否確認購買物品的搬入，倒垃圾的動線計畫？	☐
	4	是否保留垃圾筒的空間？	☐
	5	冰箱是否放置在容易使用的地方？	☐
	6	開關、插座是否裝設在預計擺放家電的位置？	☐
梳洗更衣室	1	是否考慮與浴室、廁所的位置關係？	☐
	2	規劃擺放洗衣機的空間，是否已思考洗衣動線？	☐
	3	是怎樣思考規劃採光與通風？	☐
	4	是否有可裝設毛巾架或扶手的牆壁？	☐
	5	門窗的有效尺寸(寬度)是否達75cm以上？	☐
	6	是否保留可設置相關設備、作業及收納的空間？	☐
	7	是否規畫收納小物品的空間？	☐
浴室	1	是否設置於更衣室附近，或是可從更衣室直接進入浴室？	☐
	2	是否有考量採光及通風狀況？	☐
	3	浴缸高度是否採用容易跨入，能以坐姿進入浴缸內的設計？	☐
	4	可否經由窗戶讓空氣對流？	☐
	5	冬季時的浴室與其他房間是否沒有溫度差距？	☐
廁所	1	是否配置在全家人都方便使用的地方？	☐
	2	是否考量到採光及通風狀況？	☐
	3	是否保留有效尺寸78cm x135cm以上的空間面積？	☐
	4	為了將來增設扶手，是否預先建造了堅固的基礎？	☐
	5	是否採取將來有需求時可拆除的隔間牆設計？	☐

第4章 為全家人打造一個充滿愛的溫暖小家

認識住宅格局的基本原則後，
讓我們來了解如何分辨格局優劣，
找到最適合全家人的空間規劃法，
打造一個安全、舒適的家吧！

49

居家格局活用術●想像新家的生活景象

把自己放在平面圖上，用身體去感受未來的家

空間規劃的失敗案例&改善重點

門的位置

常見失敗案例

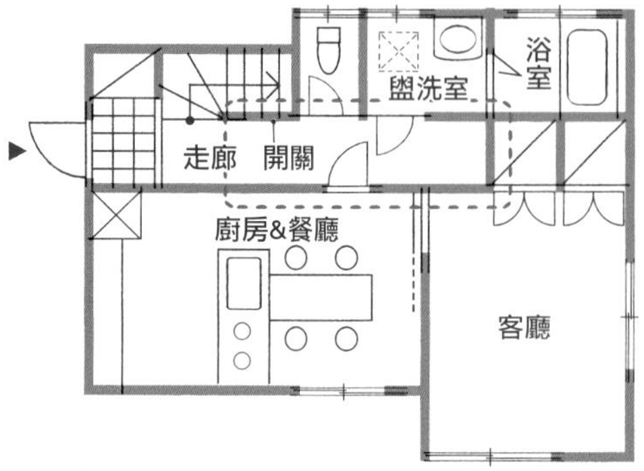

廚房及餐廳隔著走廊與盥洗室相對，兩邊同時開門時容易相互碰撞。廁所、盥洗的門旁沒有牆壁。

改善重點

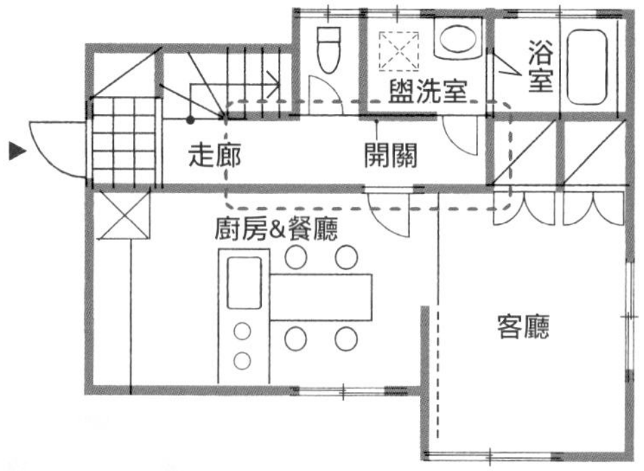

盥洗室的門改變位置後，解決了開門時的碰撞問題，廁所的電燈開關亦可安裝於旁邊的牆壁上。

一邊想像，一邊實地確認，就能降低規劃的失敗率

常有人在建造完成後，才發現失誤而後悔，後悔的原因包括房間的配置、面積、收納、管線配置，或是對門窗的設計感到不滿等，雖然不滿意的原因各有不同，但導致失敗的原因只有一個，那就是想像力不足。儘管設計師已經仔細說明過了，但不同大腦要擁有相同的想像畫面，還是相當困難的事。究竟該怎麼做才好呢？

首先談到房間。我曾經聽過許多失敗例子，因為不清楚該怎麼配置，而做出失敗的決定。雖然收集了許多與住宅有關的參考資料，但卻沒有詳細分類整理，只是一味地注意枝微末節的小事，忽略了最重要的部分。

家事動線

常見的敗案例

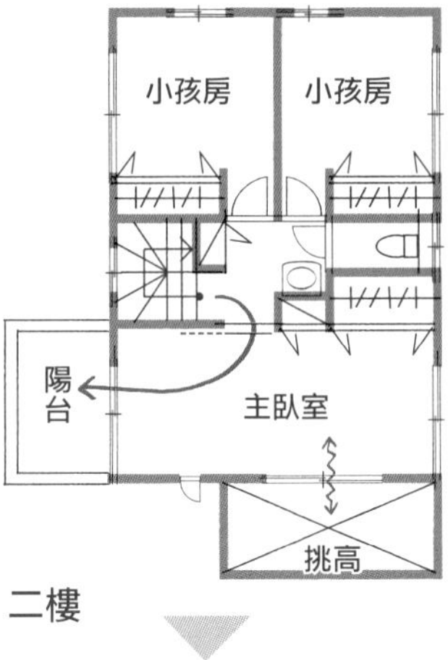

客廳上方採挑高設計，二樓為主臥室。因為孩子休息時間與父母不同，一樓的電視聲音可能會干擾到二樓。

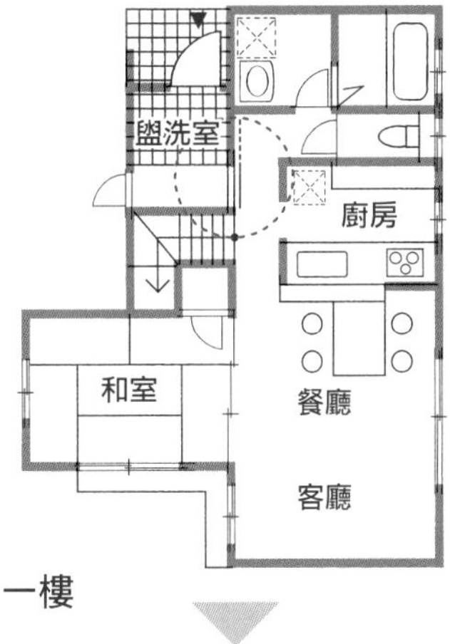

晾曬衣物的空間位於二樓陽台，而且必須通過主臥室。一樓廚房通道狹窄、動線交錯，導致廚房動線混亂。

改善重點

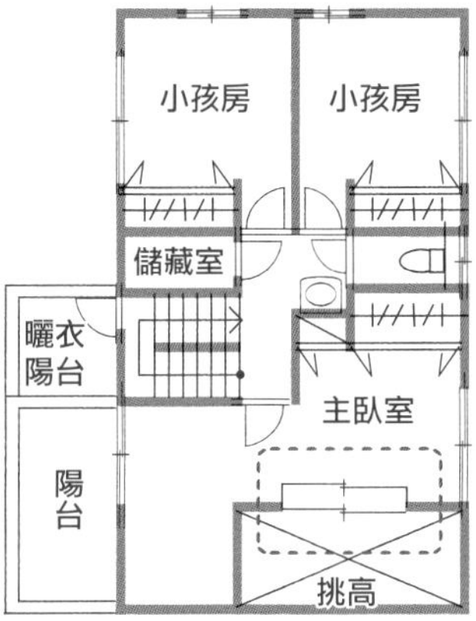

主臥室緊臨挑高側的地方採雙層門窗設計。如果還是擔心噪音干擾，不妨在外牆加裝隔音板。

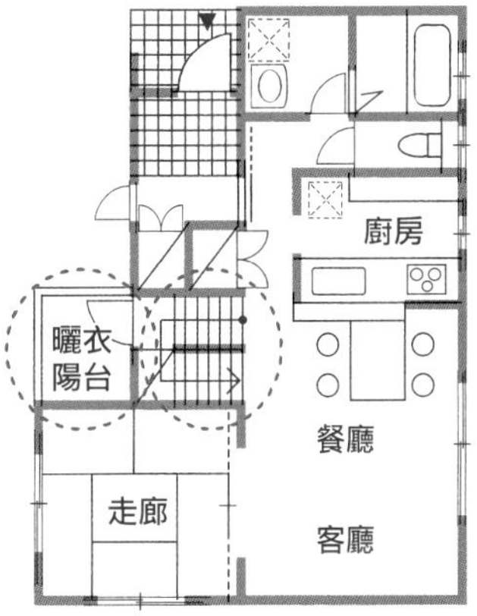

在設計階段就將和室往客廳方向挪動，讓整體動線更順暢。另外增設曬衣陽台，可從樓梯平台直接前往曬衣陽台。

其實在著手設計之前，無論抽象或具體，都應該先寫出對每個房間的期待及要求，明確列出自己的期望，就能減少與設計師溝通上的誤解，也比較不容易做出失敗的設計。

接下來確認隔間所需要的面積吧！不管你是要為新居添購餐桌、沙發或床組，還是沿用既有家具，都試著將家具位置納入平面圖中。透過與現有住宅的比較，可以幫助你想像新居的面積大小和寬敞的程度。

然後，想像自己走在設計圖之中，細心確認上下左右。通常圖的上方是北側，但是請以自己的行走方向為正面，再配合行走方向旋轉圖面，確認各項細節。從各種角度檢視設計圖，能確認視線的廣度、空間的明亮度等細節，接著再記錄下自己覺得有問題的部分與設計師討論吧！此外，**早上、中午、傍晚光線進入屋內的方向都不相同**，因此想像自己行走在設計圖中時，也別忘了一併想像屋內的採光狀況喔！

50

居家格局活用術●促進家人情感

地板高低差是和樂的祕訣！改變視線高度的「住宅溝通術」

在空間上製造高低落差，讓家人的心靈更緊密

電影《男人真命苦》初次上映時是一九六九年的事，讓人回憶起從前隨處可見的家庭團結感和親情羈絆。電影主角寅次郎個性純真卻無法忍受複雜的人際關係，時常踏上漂泊的旅程，好不容易回到家鄉，又因為害臊而遲遲不肯踏進屋內，索性坐在階梯上。客廳位於整個場景的最高處，坐在客廳的家人不停叨唸著寅次郎，傳達出家人對他的擔心與關心，最後，在後院經營小工廠的老伯梅太郎社長也過來，站著向他打招呼：「哎呀！寅次郎你回來囉！」

這三種角色分別位於三種不同的高度，話不投機地彼此交談著，其實

電影場景中的住宅格局

「虎屋」一樓的隔間配置圖

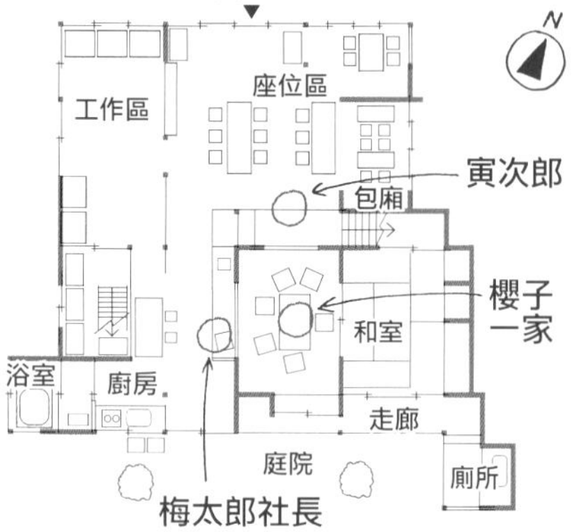

★在走廊重逢，彼此不尷尬

如果剛回到家的寅次郎不知道該看哪裡才好，彼此就會難以交談，因此將重逢的場景設定在走廊這類既非屋內也非屋外的「模糊地帶」。

★改變所處位置，讓溝通更順暢

改變視線的高度，也會影響對話的順暢度。坐姿或蹲姿屬於容易交談的姿勢，有助於穩定情緒，進而找到交談的話題。

地面高低差規劃範例

★稍微錯開視線，創造對話空間

人與人正面相對時，反而不好交談溝通。透過錯開視線，在舉止動作不被對方直視，感覺放鬆的情況下，更有助於彼此的對話交談。

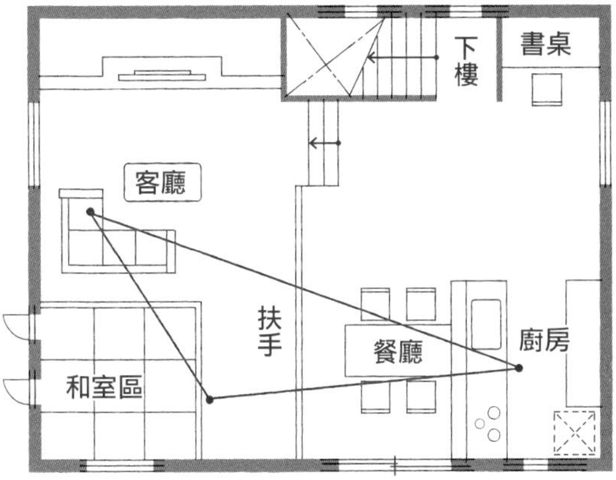

是很有趣的景象。雖然面對面，卻不是處在同樣的高度，在不同的高度以及距離感上，以語言和動作寄託時空、傳達心意，這不就是溝通技巧嗎？這是我從《男人真命苦》這部電影所獲得的體會。

最近非常流行鋪設無高度差的地板，但我認為像電影這樣，**透過地板的高低差，可以錯開視線，營造出更容易對話的氛圍。**只要高度合宜，不妨透過地板高低差，營造不同的空間視覺吧！例如抬高餐廳、廚房的高度，或是降低客廳的高度，站著作業的廚房區與坐著休息的客廳區，就能在視線高度上製造較大的差距。

客廳成為獨立性高的空間，可以讓人備感放鬆；如果抬高客廳的高度，與廚房區的視線差距會跟著變小，就能促進彼此的視線交會。無論採取何種方式，都是藉由空間的高低差創造心靈的安定感，讓居住者感受非語言的溝通，這是空間設計相當重要的手法。

51

居家格局活用術 ● **加深親子關係**

小孩房佈置得太過舒適，容易養出「尼特族」？

房間要舒適，但不能應有盡有

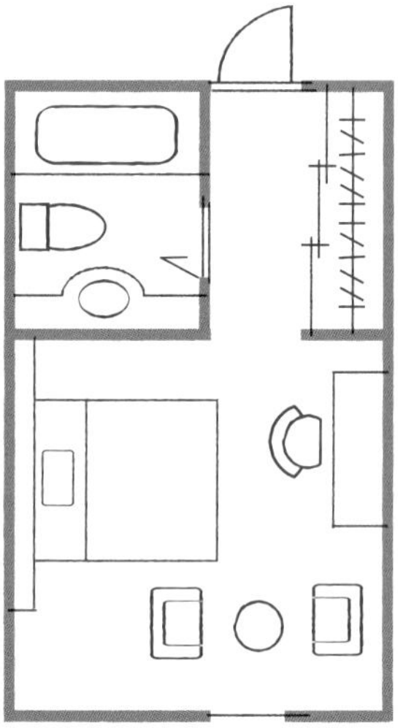

★小孩房絕不能設計得像飯店一樣

商務飯店是在有限空間內，滿足商務人士的生活需求，雖然房間的功能齊全且整齊舒適，但是缺少家的溫暖。

★房間如果太舒適，孩子會不愛踏出房門

完全滿足孩子的要求，電腦、電視、冰箱設備一應俱全的房間是很舒適沒錯，卻會成為孩子老窩在房間裡的原因。由於房間裡什麼都有，所有的需求都能夠在房間裡獲得滿足。降低房間的便利程度，讓孩子為了滿足需求向家人尋求協助。

透過空間設計五方案，增加家人相處的機會

現在成天家裡蹲的「尼特族」和足不出戶的「繭居族」越來越多了，儼然成為新社會問題。雖然無法保證改變住宅格局，就可以完全預防這些情況發生，但至少可以透過住宅格局改善這些情況，因此我想提出下列五種方案：

❶家人共有的收納室

出門上學或上班前，邊閒聊著氣象預報等切身的話題，一起去收納室拿外套或首飾等小物品，自然而然地交談、關心彼此。

居家格局要注意，房間太獨立會導致感情疏離！

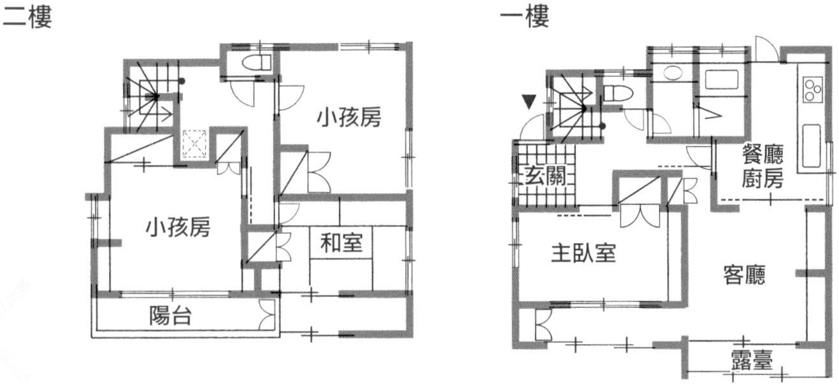

★導致疏離孤立的居家格局

明確區隔各個空間，雖然確保隱私卻犧牲空間的連結性。
家人彷彿只是同住一屋簷下的陌生人。

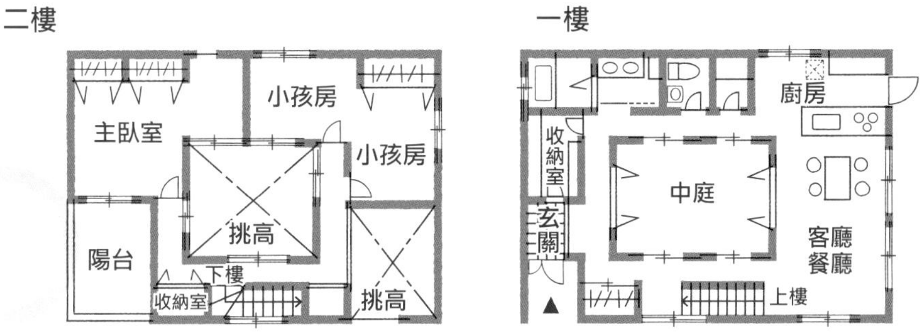

★促進交談對話的居家格局

可以看出設計師企圖以中庭連結各個空間。
將樓梯口設置於客、餐廳處，增加與家人碰面交談的機會。

❷親子可以一起下廚的廚房空間

通常廚房水槽及後方櫥櫃的有效寬度是90公分，如果能保留120公分的距離，即使親子同時在廚房，也不會感覺狹窄擁擠。

❸只設置一間廁所

盡量將梳洗化妝室及廁所設置在離小孩房較遠的地方。藉由早上的盥洗、上廁所等機會，增加和家人碰面的機會。

❹將樓梯口設置在客廳附近

將樓梯入口設置在客廳附近，增加家人碰面對話的機會。

❺不要讓小孩房過於舒適

對於小孩想要的家電設備，像是電視或電腦等，不要有求必應，房間會過於舒適，會讓孩子只愛窩房裡。

請試著利用格局規劃，讓孩子從與親人交談接觸的過程中，感受到自己是家庭裡重要的存在！

52

居家格局活用術 ● **勾起想家的感受**

「這裡就是我的家！」用住宅串起「家的記憶」

用住宅傳達家人共有記憶

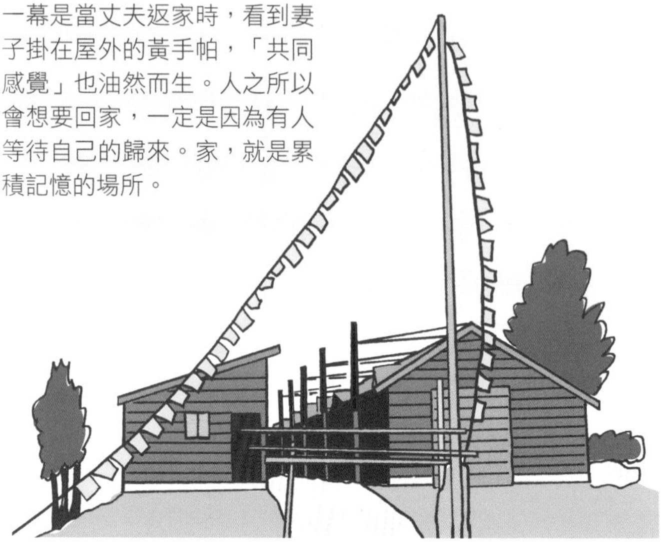

★記憶的累積

電影《幸福的黃手帕》中，有一幕是當丈夫返家時，看到妻子掛在屋外的黃手帕，「共同感覺」也油然而生。人之所以會想要回家，一定是因為有人等待自己的歸來。家，就是累積記憶的場所。

《幸福的黃手帕》故事大綱

故事主角是一對幸福的小夫妻，某天妻子發覺自己好像懷孕了，便與丈夫約定，「如果醫院證實自己懷孕，就會在家門前的旗竿繫上黃手帕」。工作結束後返家的丈夫，看到家門前的黃手帕十分欣喜，但好景不常，丈夫因細故與人起衝突而被判刑，入獄服刑的丈夫為了妻子著想，曾一度打算向妻子提出離婚，於是寫信向妻子表明心意：「如果妳還在等我，就請在家門前繫上黃手帕」。出獄後近鄉情怯的丈夫，大老遠就看到妻子繫在旗桿上的數十條黃手帕，而妻子也開心迎接他的歸來……。

用燈具、顏色、裝飾品，打造充滿回憶的小家

還記得電影《幸福的黃手帕》的最後一幕嗎？因為犯罪入獄服刑的丈夫，出獄後猶豫著該不該回家，直到看到妻子在庭院裡掛滿象徵「等你歸來」的黃色手帕，才發現原來妻子一直都在等著他，最後終於順利回到妻子的身邊。

觀眾看到這一幕，感受到夫婦間的愛情、家人間的親情與溫暖，無不流下感動的眼淚。

我認為建造住宅時，能讓家人感受親情溫暖、產生共有回憶的設計是相當重要的部分。

那麼，該如何傳達呢？舉例而言，種植會在小孩出生的季節裡開花

小小設計，勾起想家的感受

★照明器具

照明器具上刻有孩子喜愛的星座圖案。

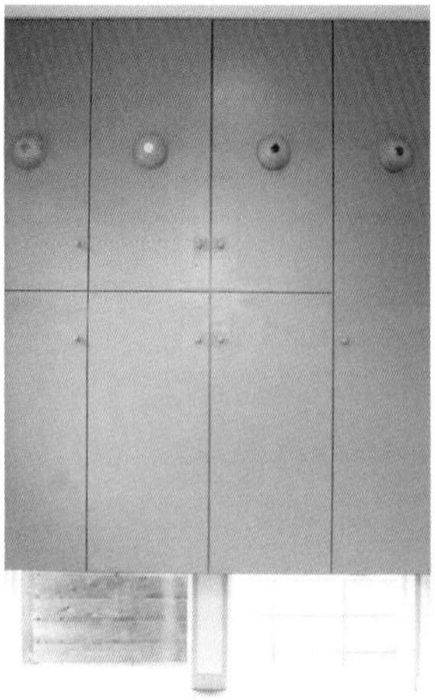

★標示代表色的收納櫃門

收納櫃門上標示著自己的代表色，各自管理自己的收納物品。

★樓梯扶手

音樂是家人共同的興趣，因此將樓梯扶手設計成五線譜及音符的圖案。

留住成長回憶的小巧思

- 在玄關門前留下孩子的手印
- 種植紀念樹
- 家人一起討論、決定和室所使用的裝飾柱
- 讓孩子選擇自己喜歡的門或門把的顏色
- 親手製作掛在自家門口的姓氏門牌

的樹木做為庭院的「象徵樹」，或是在玄關設置「迷你藝術區」，擺放值得留念的物品，都能傳達家人間共有的回憶。

這些元素會透過感覺，成為全家人的共同記憶

房間地板或是天花板使用會散發木頭香氣的針葉木材質（如：檜木、扁柏、赤松等），可以讓人產生有如沉浸於森林般的安穩感。

此外，決定每個家人專屬色彩，再運用在個別的收納空間或房間門把上，也會強化「回到自己棲身之所」的意識喔！

讓人想回家的空間、素材或色彩都是蘊含了豐富的故事性，而這些元素也會伴隨著嗅覺、視覺或觸覺，形成家人共有的記憶。

53

居家格局活用術 ● **創造共同回憶**

看似毫無用處的空間，卻能創造無限回憶

善用空間，創造全家人的回憶

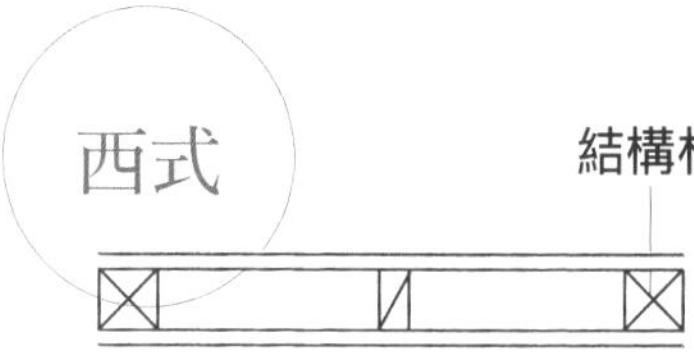

大壁式

主要運用在西式空間。以牆壁包覆柱子，使柱體不外露。

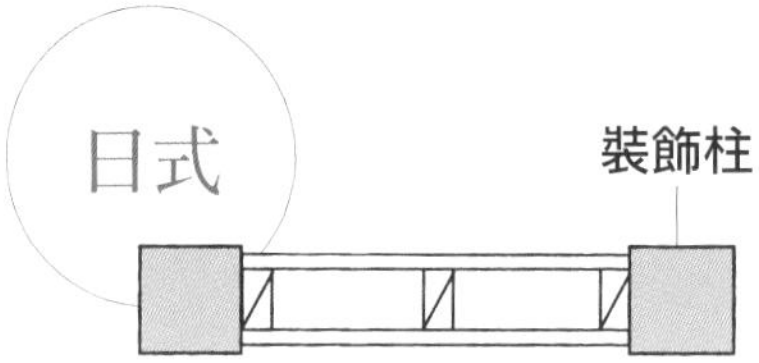

真壁式

主要運用在和式空間。牆面介於柱與柱之間，柱體呈外露狀態。

別一味追求功能性，也要保留點「閒置空間」

是否功能健全就是好的居住空間呢？那倒也未必。

各位在孩童時期，都有對住宅的回憶吧！例如，家中那根刻著身高紀錄的柱子、用來玩躲貓貓棉被櫃，甚至是冬天裡冷得你直打哆嗦的浴室……，這些景象及親情羈絆不論過了多久，都會牢記在心裡。

對於家的回憶，很多時候都發生在與住宅功能無關的地方，甚至是那些乍看之下覺得不便，或是浪費空間的地方。

這些空間有時是因為房屋結構所產生的，有時則是碰巧形成的，很少是一開始就規劃出來的，它們起初被

活用「看似浪費」的空間

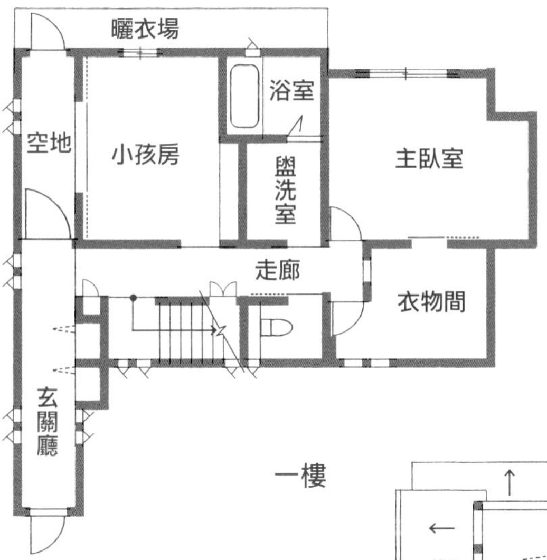

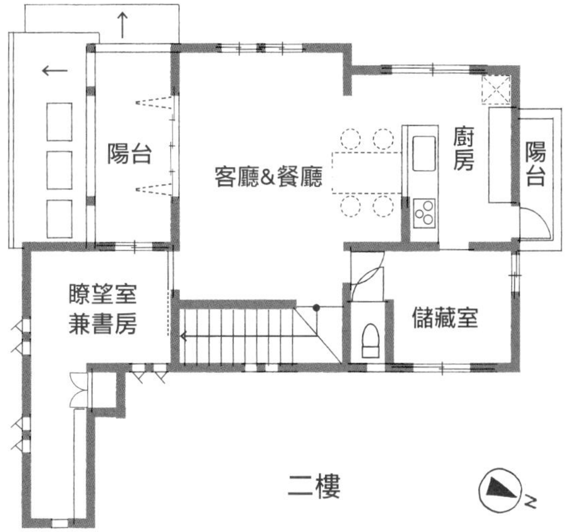

★預留幾個不實用的角落

與功能性無關的空間或是看似浪費小角落，其實都是孩子的「遊戲空間」。

認為毫無用處，最後卻出現意想不到的用途，成為饒富趣味的空間。

不事先決定房間用途，也能創造意想不到的驚喜

通常思考住宅格局時，會依照生活習慣將空間分成廚房、餐廳、臥室，先擬定分區計畫，但我認為不要事先決定房間的用途，暫時先將實用性抽離後再思考空間的運用，或許也是一種可行的方式。

上圖是採納這個方式設計而成的實際建案，在住宅格局方面，將玄關往內延伸，成為長型的玄關廳及水泥地空間，玄關上方的二樓房間也沒有決定特定用途，將一樓的水泥地當作孩子的遊戲空間及藝廊區，二樓的空間則設計傾斜式屋頂，成為可以眺望天空的展望廳兼具書房功能。

這些空間並不是起初就這樣構想的，是依照土地條件及房屋結構建造而成，而完工之後，最開心的就是孩子了！

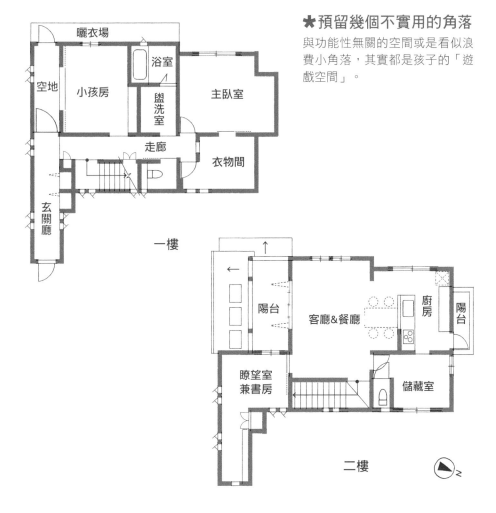

54

居家格局活用術 ● **孩子成長的空間**

發揮室內格局小巧思，讓孩子的成長環境更健全

從日常生活培養孩子的性情

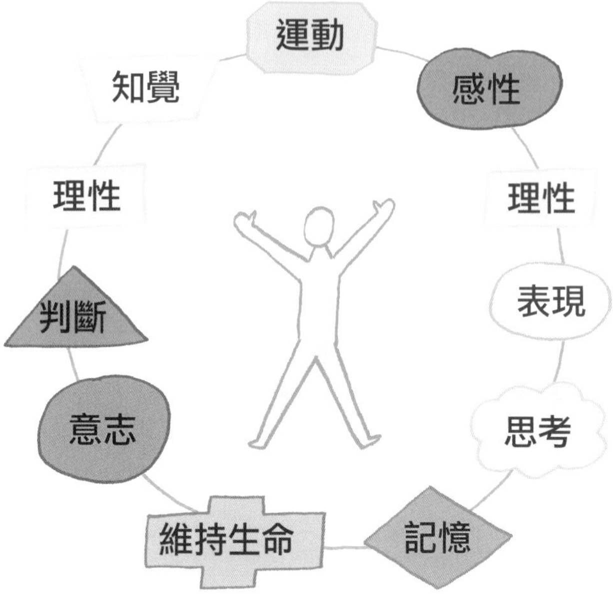

★孩童時期的生活環境非常重要

人在孩童時期時，會透過聽、看、觸摸等五感體驗，在腦中記憶、整理資訊、反覆學習，進而形成知識。

利用挑高或拉門設計，讓孩子隨時感受家人氣息

人會一輩子牢牢記住孩童時期的家。**無論生活機能多麼優異，缺乏童心的住宅，還是無法令人留下情感或印象，唯有富變化的空間設計，才能激發孩子的好奇心；**配合孩子成長的空間規劃，將成為孩子一生中最珍貴的財產！

孩子在幼兒時期，最需要雙親守護的安心感，如果將小孩房規劃在二樓，不妨利用挑高設計，讓孩子可以從二樓看見在客廳或餐廳的父母，或是在小孩房設置推射窗，營造空間的整體感。

也可以利用拉門，不僅能保留心理上的距離感，也能感受到家人的動

運用「環境」來教養孩子

成長與家庭的關聯性

共享沐浴時光

打造一座可以親子共浴的大浴缸。搭配洗澡小玩具，更增添沐浴樂趣。

共有書架

為了培養閱讀習慣，於客廳規劃可放置圖鑑書籍的空間。

是樓梯也是遊戲空間

運用巧思規劃樓梯平台，讓樓梯變成家中的「遊樂設施」。

成長與空間的關聯性

挑高連結空間

位於樓上的小孩房可設置窗戶巧妙連結樓下的客、餐廳空間。

發揮巧思的房間開口

主臥室隔著樓梯與小孩房相對，時刻感受家人的存在。

利用拉門區隔

以大拉門隔開共用的小孩房。或是以小拉門隔開書桌，形成獨立的讀書空間。

設置房間玄關

於小孩房設置類似入口玄關的空間，透過空間維繫有點黏又不會太黏的親子關係。

運用閣樓連結

即使將小孩房隔成兩個獨立空間，上方閣樓仍是相通空間。

打造戶外客廳

小孩房連接木製平台或戶外陽台，營造具開放感的空間效果。

靜。此外，即使兄弟姊妹都各自有自己的房間，另在閣樓設置共同的遊樂空間，也能培養出不會過於靠近也不會太疏離，恰到好處的手足之情。

小孩房前預留「緩沖區」，讓兒女保有隱私很重要

隨著孩子成長，在房間入口處預留的一塊空間就能派上用場。在小孩房的前方設置入口玄關，妥善運用預留的「空間」作為緩衝區，父母親就不會一下子就進入孩子的房間。

這個緩衝空間對孩子的成長是很重要的事，因為孩子必須要在保有一點祕密的環境中，才能漸漸地成長茁壯。

有主見的孩子、有創意的孩子、懂得應對進退的孩子，他們都能在這個非刻意營造的寬敞環境中，與父母親共同度過、一起成長！

55

越是先天不良的建築地形，越能展現居家設計的獨特風情

活用土地特色，打造特色住宅

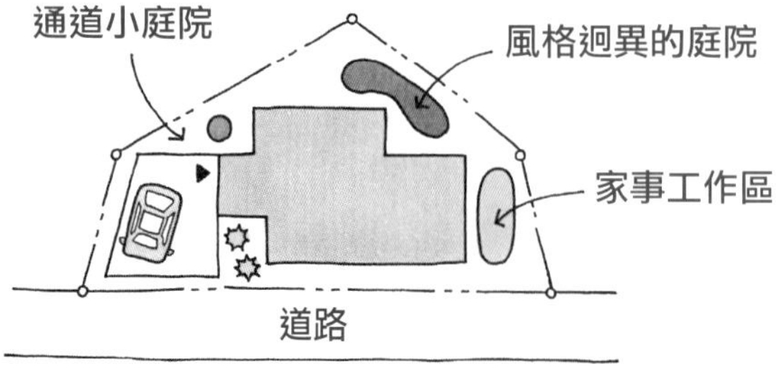

★不規則土地

除了建物土地以外，其餘的土地形狀看似難以利用的死角空間。不妨靈活運用這些空間，打造具有特色的通道小庭院吧！

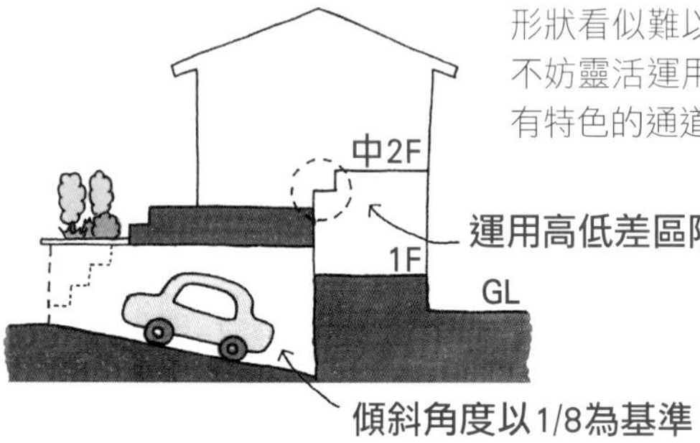
運用高低差區隔空間也不賴！

★有坡度的土地

利用傾斜面打造半地下室空間，或是採用差層式樓層設計。

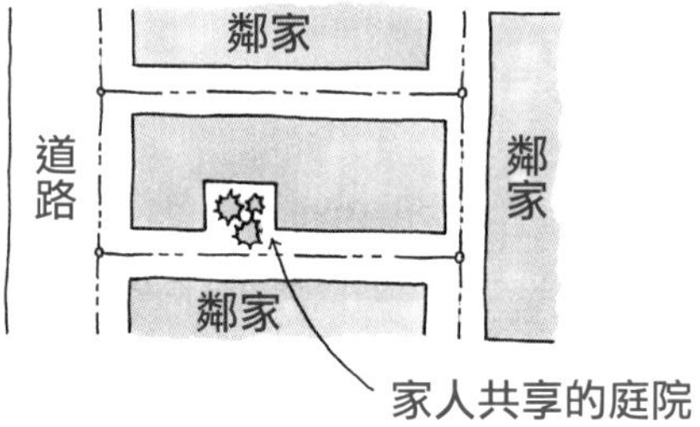

★狹長型土地

由於土地形狀為狹長型，因此在中央設置庭院，讓走廊兼具日光室功能。藉由中庭設計，讓整體居家空間採光明亮。

活用土地的不同特性，打造獨一無二的家

面積寬敞、形狀方正且已經整過地的土地比較容易規劃，這是理所當然的事，然而大家都敬而遠之的土地，不但價格便宜，更因為土地形狀不規則，所以只要善加運用，也能建造出別具特色的住宅。

有效活用不規則土地的方法有以下兩種：

第一種方法是將土地形狀活用於格局設計或建物外觀上，這種方法的核心要件在於樓梯，將樓梯設計成五角形或半圓形，接著思考這座樓梯的配置位置，藉此決定住宅格局的大致框架。

依照土地形狀改變樓梯平台的形

有坡度的土地，怎麼運用？

★運用坡度地形，設置木棧道

雖然土地面積達90坪，但是該土地為緩坡地形，僅有三分之一的面積是平地。配置重點如下：

❶儘可能將主建物蓋在平地，沿著斜坡設置木棧道，享受坡地庭園之樂。

❷木棧道具有連結主建物與後方書房的功能。書房為獨立空間，適合沉浸於閱讀時光中。

❸於主建物設置露臺，眺望庭園景色。

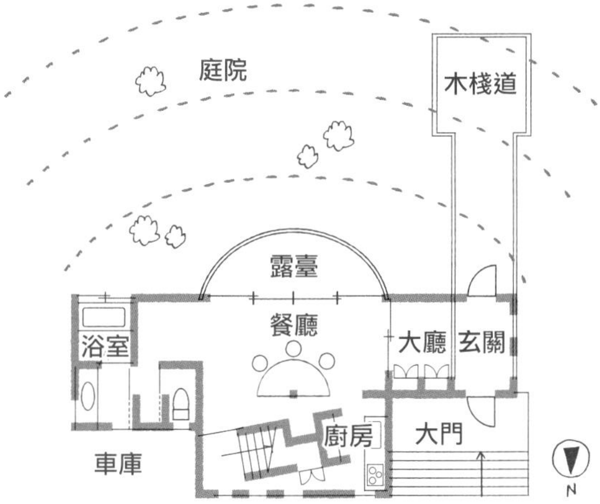

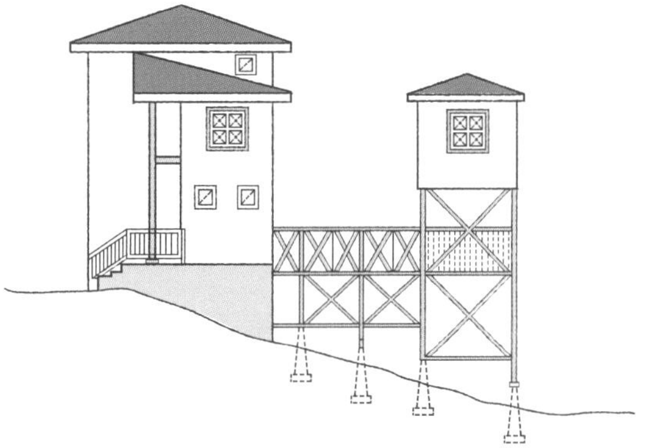

狀，或是利用高低差設置木製平台，一面用來連結樓梯，一面當作曬衣空間使用，也是不錯的發想。

另外也能設計像是露臺、書房、儲藏室、小孩房等，我覺得正因為土地形狀不規則，所以才能激發更多有創意的點子。

第二種方法是活用部分土地面積，做為花圃或園藝工作區。本來難以利用的畸零空間，透過巧妙設計連結室內空間，讓室內看起來更寬廣，或是做為房間專用的迷你庭院也是不錯的方法喔！

如果是位於住宅密集區的細長型土地，就以中庭改善採光條件；如果位於坡地，則可運用差層式結構（skip floor）設計，視實際狀況運用不同的手法。

正因為是條件差的土地，才能激發無限的可能，享受建造住宅獨特的風情與創意。

打造「低成本、高品質」住宅，20個不可不知的細節

規格化就能控制成本

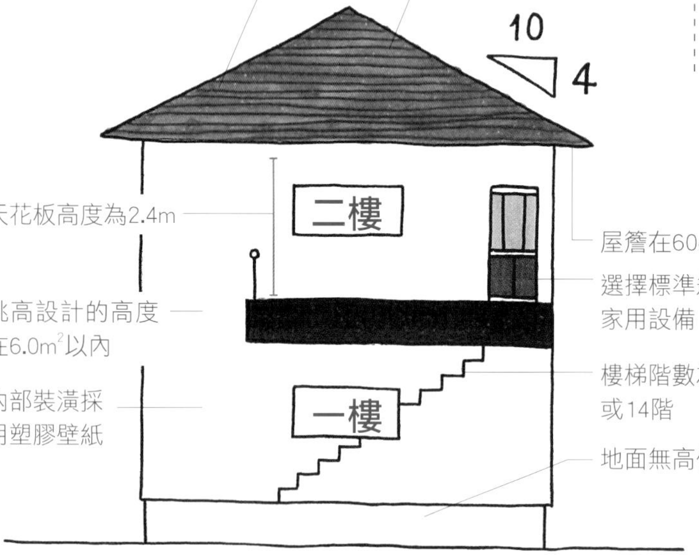
採用山形或四坡式屋頂形狀
屋頂坡度以4/10為基準
屋簷在60cm以內
選擇標準規格的家用設備
樓梯階數為13階或14階
地面無高低段差

★掌握標準規格

控制成本的基本原則就是於設計階段充分掌握打底或裝修材料的標準規格。

將住宅「規格化」，是降低成本的重要關鍵

建造成本會隨著住宅面積的大小而增減，假設住宅面積雖小，但凹凸之處較多，這樣不僅增加牆壁面積，也會增加建造成本；相反地，雖然面積大，但形狀是正方形或長方形的住宅，自然就可以降低成本。想建造低成本住宅，不妨注意下列項目：

❶ 隔間以0.9公尺為單位
❷ 屋頂的形狀為雙斜式屋頂或四坡式屋頂
❸ 平面外形儘可能為正方形或長方形
❹ 屋頂的坡度以4／10為基準
❺ 關於臨路寬幅與深度的比率，若臨路寬幅為1，則深度應為1.5

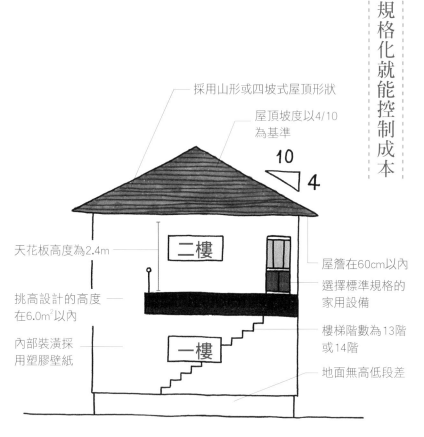

選擇標準規格的設備，大幅節約預算

建物形狀為正方形或長方形

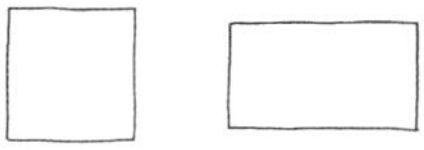

屋頂形狀為山形或四坡式

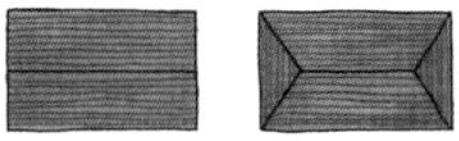

隔間規格以0.9m為單位

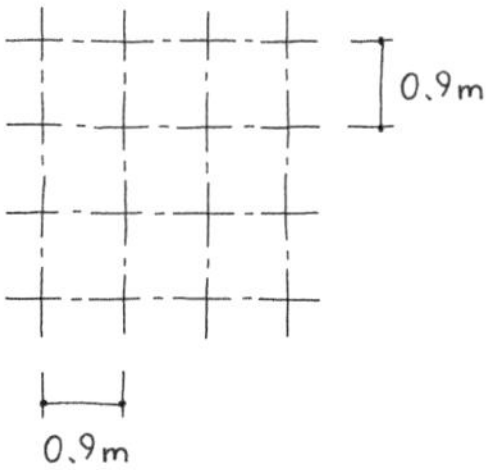

使用高度2.0m的單片門

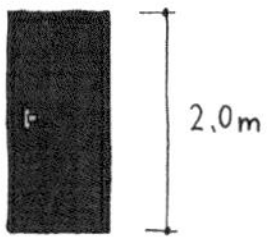

和室的面積以3坪為基準

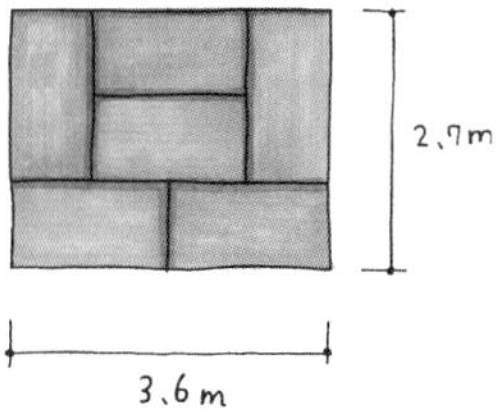

浴缸面積為16X16形式

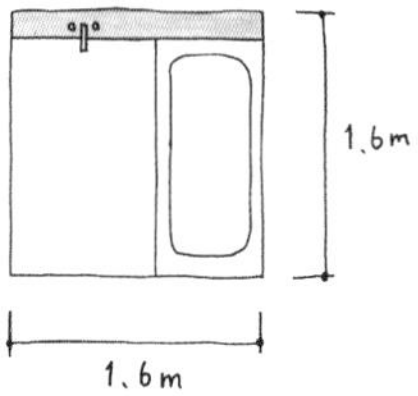

壁櫥採用摺疊門

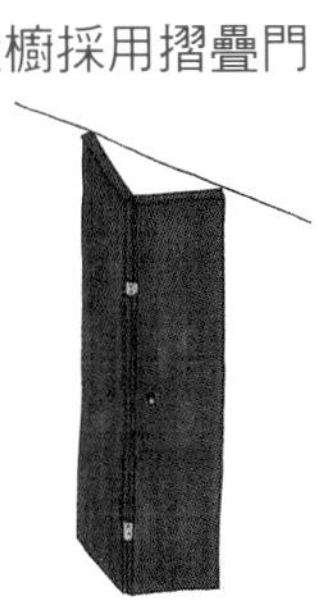

使用標準規格的家用設備

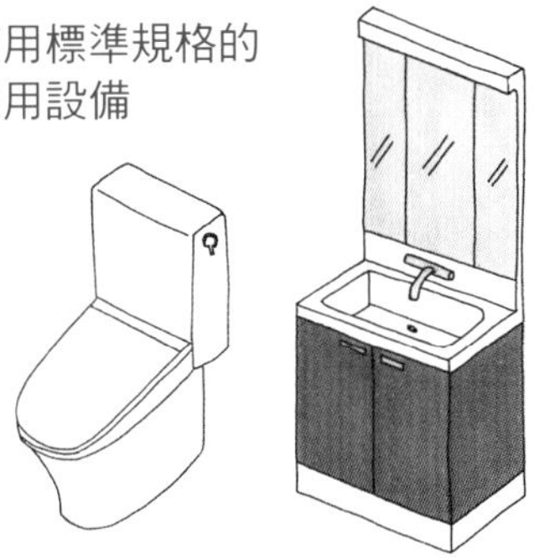

❻規劃各個房間時，最大寬幅距離為四公尺以下
❼和室的面積以三坪為基準
❽起居室的天花板高度為2.4公尺
❾屋簷寬度在60公分以內
❿挑高在6^{2}m以內
⓫地板高度以西式房間為基準
⓬單開式門板的高度為2公尺
⓭樓梯的階數為十三階或十四階
⓮鋪設地板時，使用結構用合板就可不使用橫木
⓯為了不增加門窗數量，不要設計多間小房間
⓰以摺疊門取代壁櫥的紙拉門
⓱浴室的面積使用一體成形衛浴組合
⓲使用標準尺寸及標準顏色的建材
⓳室內裝修以壁紙為主
⓴使用常規版的家電設備

以上雖然列出多達二十個項目，不過實現低成本住宅的重點還是在於裝潢、建材模組及土地形狀。

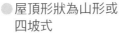

57

居家格局活用術● **低成本住宅❷**

設備、材料要取捨，才能大幅降低住宅成本

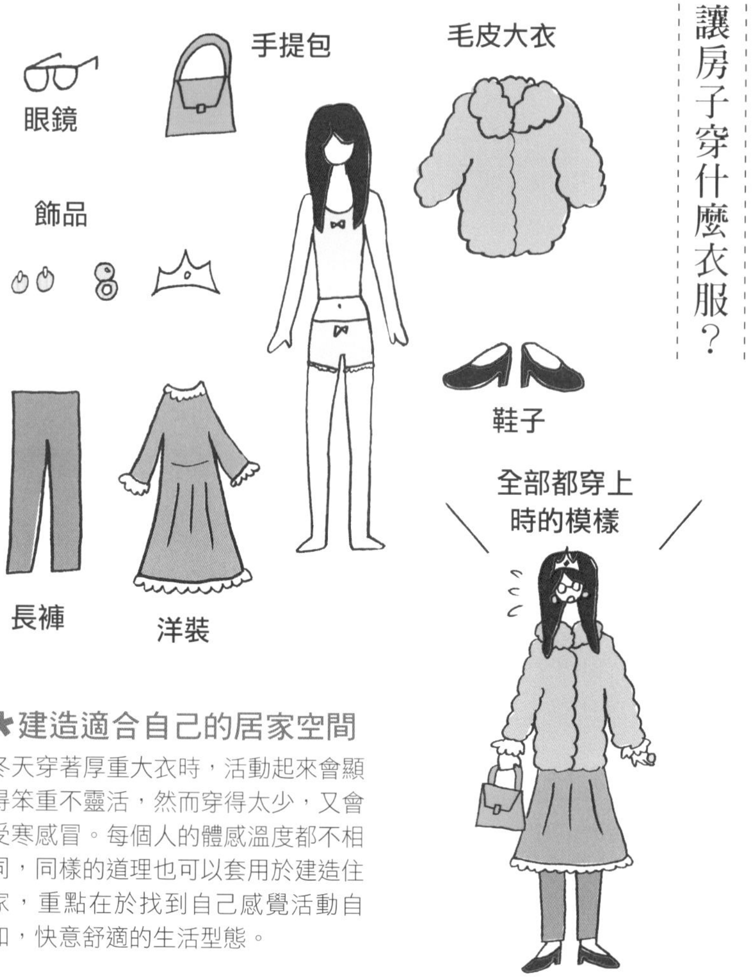

★建造適合自己的居家空間

冬天穿著厚重大衣時，活動起來會顯得笨重不靈活，然而穿得太少，又會受寒感冒。每個人的體感溫度都不相同，同樣的道理也可以套用於建造住家，重點在於找到自己感覺活動自如，快意舒適的生活型態。

「裝潢」與「設備」，是降低建造成本的大關鍵

一般住宅的本體工程費用之細項大致可分為3大項，最主要結構工程費約占41%，其次是裝潢工程費約占36%，剩餘的23%則為設備工程費。「結構工程」是住宅的骨架，無法輕易改變，因此**如果要降低成本，就得從「裝潢工程」與「設備工程」的細項著手**。

裝潢工程費用高居不下的主要原因是使用無垢材、自然素材、等級較高的門窗、訂做家具、使用特殊外牆材料、玻璃所致；至於設備工程，則是因為購買功能性高的家電設備。近年設備工程費平均占整體費用的25%～27%，比率略為偏高，這是因為附

容易增加成本的材料及設備

設備工程

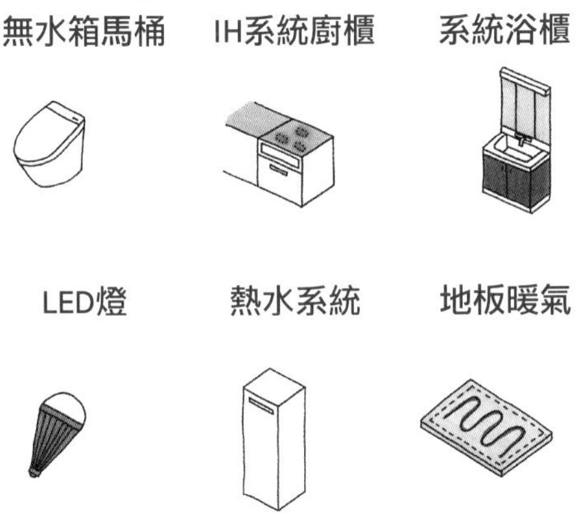

裝潢工程

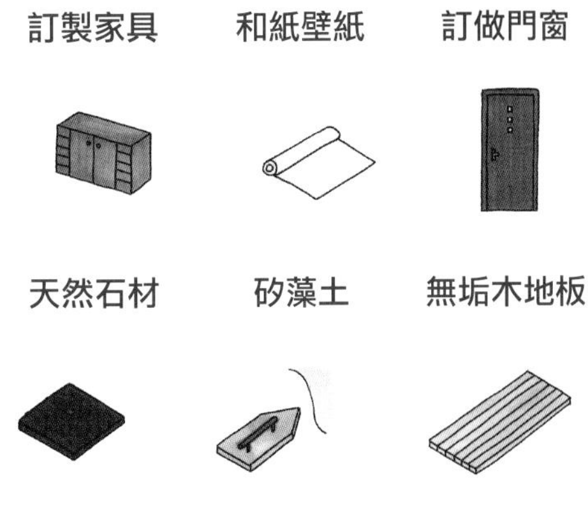

外部工程

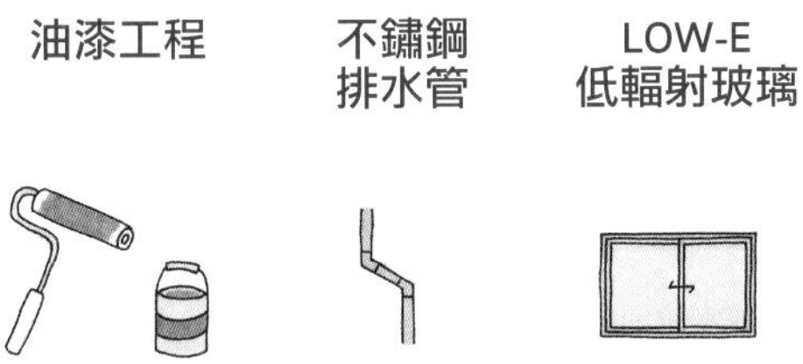

★對照預算，決定採購何種設備

具保溫加熱功能的設備、自然素材、功能性強的家用設備，這些都是費用增加的原因。

建築本體工程細部 11大項目完全掌握

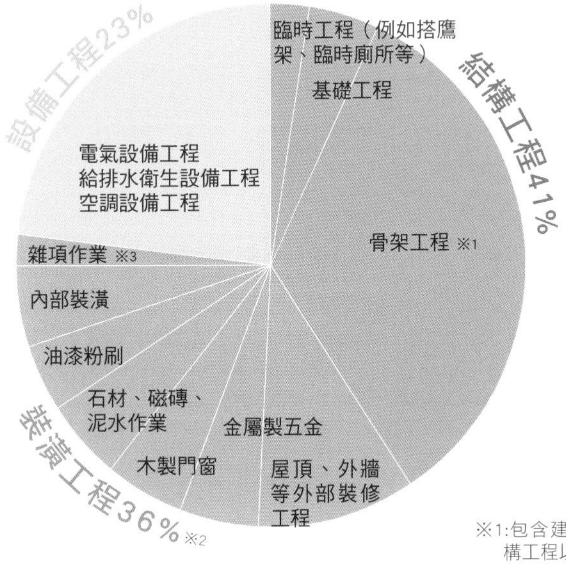

※1:包含建入式家具或底材等結構工程以外的部分。
※2:包含屋頂防水工程等裝潢工程以外的部分
※3:包含家具的施工及安裝。

加價值高的機種增加，選擇這些多功能的家用設備，使得設備工程費的占比也跟著增加。因此，想要降低成本，不妨事先決定裝潢工程、設備工程所使用的材料或設備的優先順序，再依序決定選擇何種材料或設備吧！

58

居家格局活用術 ● **善用狹小空間**

兩大居家設計方式，有效改善空間狹小問題

讓空間更寬敞的創意巧思

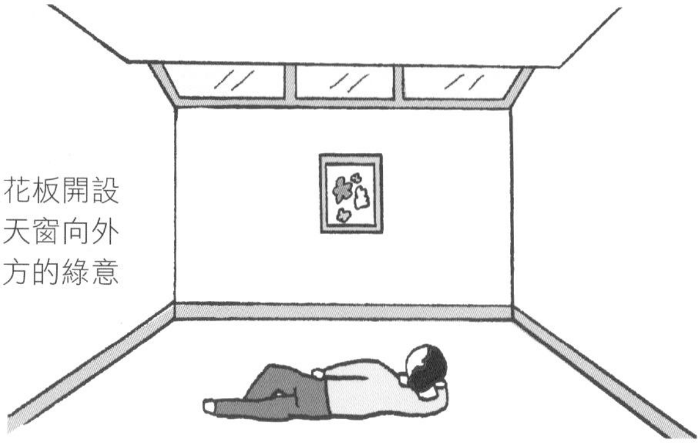

★天窗

於傾斜的天花板開設天窗。利用天窗向外借景，將遠方的綠意引入家中。

★低窗

即使房間空間狹小，也可利用低窗，讓視線向外延伸。

★落地窗

可於走廊盡頭或是有閉塞感的空間設置落地窗。

先天條件越差的土地，越能有效發揮設計巧思

想在狹小的土地上確保寬敞的地坪面積、建造有容量的空間，有兩種常見手法。一種是活用建築相關法律規定，另一種是採納「建築know-how」的設計。

● 靈活運用建築法規

活用建築法規是指在許可範圍之內善用地下室及閣樓等空間。當土地條件符合規定時，地下室可以不納入容積率的計算；當天花板高度低於1.4公尺時，閣樓空間也不納入容積率計算，這些都是值得討論的細節。

運用巧思，放大狹小空間

★運用玻璃磚，強化採光條件

客廳天花板採圓形挑高設計，同時使用玻璃磚強化採光。為了讓突出屋頂的部分可做為桌子使用，特地將高度規劃為70cm。

★利用摺疊門，提升開闊感及通風條件

天冷時，可關閉樓梯處的摺疊門；炎熱時，打開摺疊門既通風又具開闊感。三片門板的高度直達天花板，也設置適當的折疊收納空間。

★設置天窗，讓室內更明亮

土地寬幅狹窄、形狀細長。餐廳位於整體格局的中央，在餐廳上方設置天窗，具有採光及視覺開闊感。樓梯處以格子柵欄取代牆壁，營造寬敞的視覺效果。

• 活用建築的know-how

土地面積狹小時，設計重點就要放在「樓梯位置」上。對於狹小土地而言，最有效的樓梯位置通常位於建築物中央，因為樓梯的位置會影響走廊的長度，如果走廊空間夠寬敞，則可利用壁面做為收納或洗衣空間等家事空間。運用下列建築技巧，可以呈現寬敞的空間感。

❶挑高
❷差層式結構
❸中庭
❹頂樓露臺或陽台
❺活用天窗、凸窗、窗戶、門窗等

挑高設計可以營造空間的連續性，差層式結構採每半層樓錯開的方式，能讓空間感覺比實際面積寬敞。此外，窗戶的位置也很重要，配置時要考量視線方向以及與外部空間的關係，視覺一旦開闊，心情自然也會變得開朗。

59

居家格局活用術 ● **建造耐久宅**

把握住宅的「4大壽命」，讓家成為資產代代相傳

以建造能歷經數代居住的「長壽住宅」為目標

未來的住宅建造趨勢，將從「汰舊換新」轉為「長久資產」的型態，並同時盡可能地降低居住期間的能源消耗。要讓住宅更耐久，主要關鍵在於以下四項壽命。

❶物理層面的壽命：具有持久性，可抵抗自然災害的住宅

❷心理層面的壽命：持久耐看的住宅

❸生活層面的壽命：能夠因應將來生活變化的住宅格局

❹資產層面的壽命：長年維護保養，也不失其價值的住宅

未來的住宅將有別於以往的拋棄式住宅，以長久使用的觀點出發，建造耐久、能代代相傳的新住宅。

住宅的4大壽命

物理層面的壽命

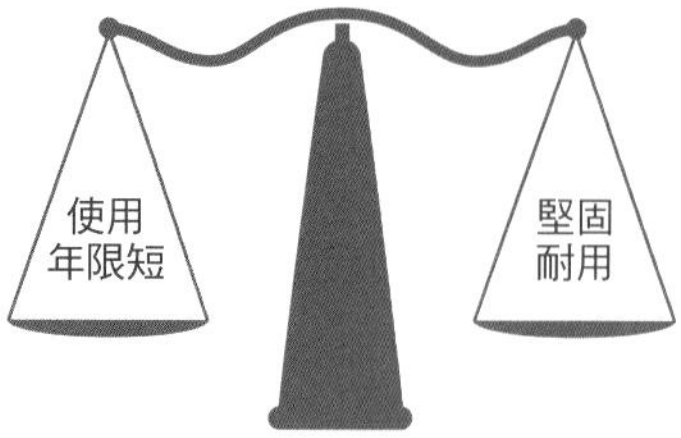

堅固耐用的條件

- 數量足夠的牆壁
- 均衡配置牆壁
- 避免不合理的懸挑設計（overhang）
- 不讓濕氣蓄積於牆壁內及地板下方
- 可信賴的施工方法

★隔間範例

縱向及橫向均配置足夠的牆壁數量，並且避免偏重於一側。為了避免二樓過重，應檢視一樓及二樓之間的平衡，再進行設計規劃。

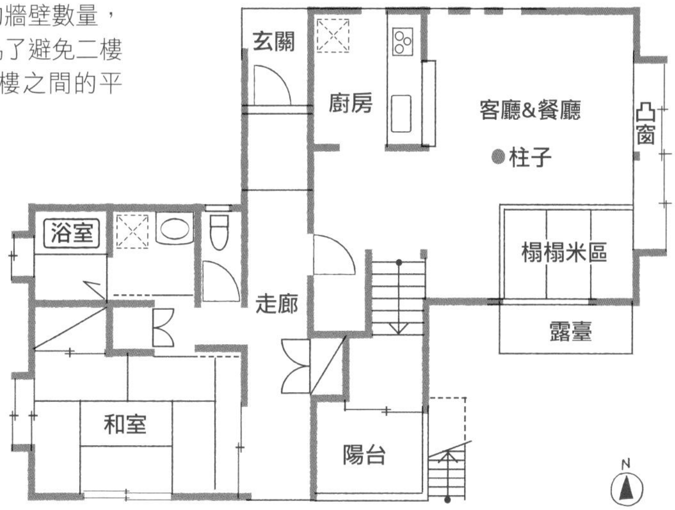

資產層面的壽命

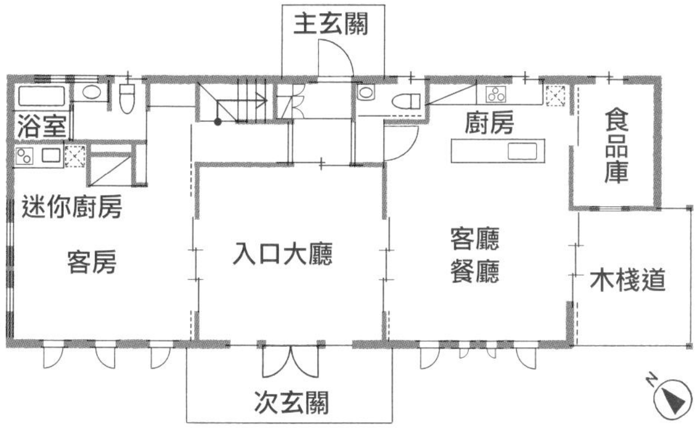

★隔間範例 進入主玄關後的大廳空間十分寬敞，可分為左右兩側使用。由於也有設置次玄關，一樓及二樓可分開使用。

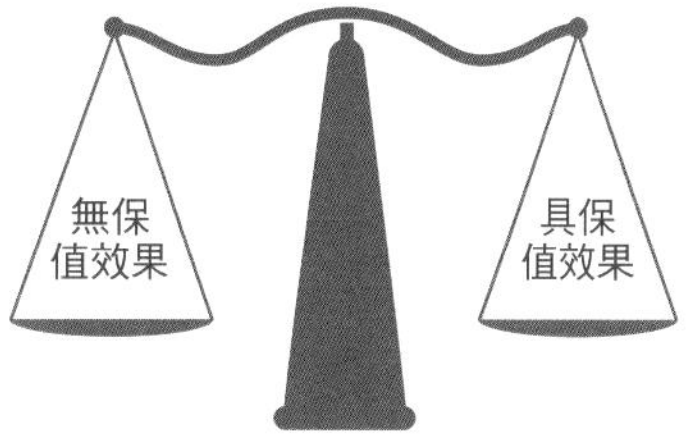

保值的條件

- CP值高的住宅
- 使用自然素材，例如灰泥、銅製品等
- 涵蓋整體的設計，包括戶外區、建物外觀、內部裝潢
- 採用有機素材，具有維護價值的住宅
- 以中間的土間為分界，可申請區分登記的設計

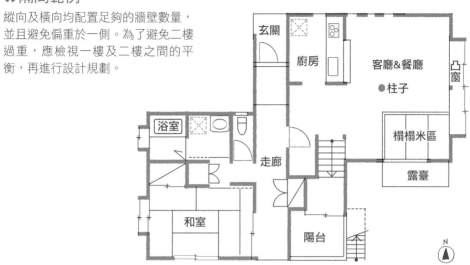

心理層面的壽命

★隔間範例

設置木製陽台或露臺做為休憩空間。此外，客餐廳的天花板採高挑設計，營造出寬敞的空間感受。

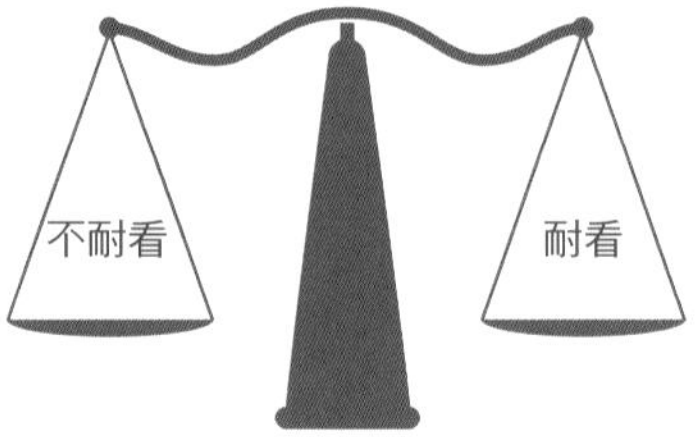

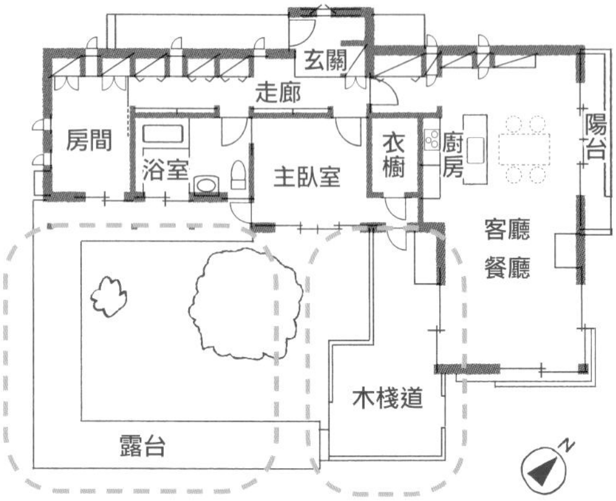

持久耐看的條件

- 住宅格局中包含具有附加質感的空間，例如木製陽台等
- 選擇會隨著使用時間增添韻味的材質
- 講究堅持的住宅，例如使用百年樹齡的木材等
- 表情豐富的建築外觀與內部裝潢
- 客餐廳採高挑設計搭配壁爐，呈現悠然自得的空間感

生活層面的壽命

★隔間範例

衛浴、廚房的位置集中於一側，方便日後進行裝修維護工程。從客餐廳到和室、從和室到緣廊，空間連貫好利用。

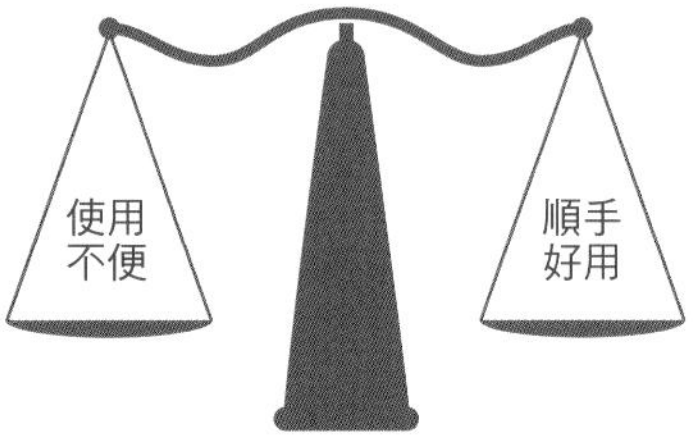

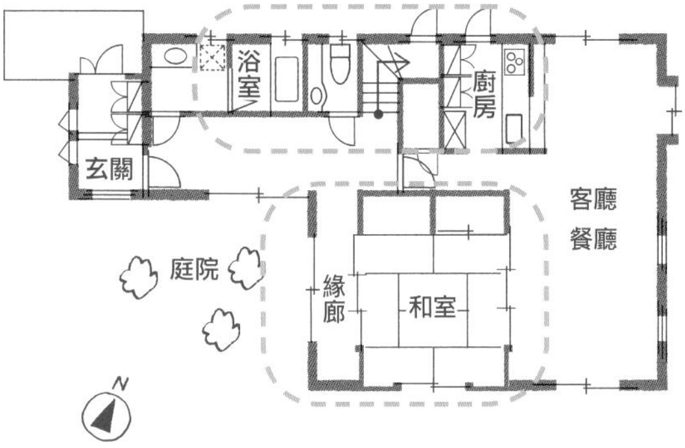

方便好用的條件

- 隨著人生階段改變使用方式的格局設計，例如可將和室改為西式房間
- 將衛浴、廚房配置在方便日後裝修的位置
- 具保溫與氣密功能的地板、牆壁及天花板
- 動線順暢
- 消除地面高低差及空間溫度差
- 運用巧思，將和室做為家庭交流中心

第5章

事先做好防範措施，安心遠離居家危險

房子再怎麼舒適安全，
也可能因為一時的不注意，
成為意外事故發生的地方。
建造時一定要十分留意安全面！

60

遠離居家危險 ● **找出容易發生危險的地方**

找出住家危險因子，有效預防各種意外事故

居家常見的五大危險因子

樓梯
樓梯坡度有一定上限，接近坡度上限的樓梯因為過陡，雖然符合規定，但上下樓梯還是很危險。

浴室
一歲至四歲的嬰幼兒死亡事故當中，溺水就佔了1/3，其中有80%是發生在浴缸。

門窗
門片與門片之間的縫隙容易夾傷手或手指，是常見的嬰幼兒居家意外傷害。

地面高低差
前進方向有地面高低差時，最容易發生跌倒意外。為了避免危險，地面高低差請不要大於三公分！

玻璃
如果準備在出入口、樓梯周邊、浴室等容易發生碰撞危險的地方設置玻璃門窗，請先充分考量後再做。

在規劃階段做好準備，就能預防事故的發生

根據近幾年的資料顯示，因交通事故死亡的人數，一年約七千人左右，而在家中發生意外喪命的人數，竟然是交通事故的二倍，約達一萬四千人。（註：此為日本數據。台灣雖無相關資料顯示，但居家意外也是相當嚴重的問題，其中尤以老人浴室跌倒為最多。）

建造住宅時，除了著眼於預算或建築物結構、隔間，家電設備等細部項目之外，其實也必須關心住宅的安全問題。

家庭意外事故中，與住宅構造和設備有關的包括：意外溺死及溺水事故、跌倒、墜落等。意外溺死或溺水

住宅的5大常見問題

★結露
近年來，雙薪家庭持續增加，由於白天門窗緊閉，因此住宅容易出現結露的問題。

★雜音干擾
在密閉性良好的情況下，比起戶外的雜音，受到屋內吵雜聲干擾的情形更加嚴重。

★濕氣
如果廁所、浴室等需要用水的區域集中在住宅北側，會因為日照條件不佳，不易乾燥，導致該區域的濕氣較重。

★插座位置
住宅建造完成後，才想增設插座是件非常麻煩的事。家用電器可以概分為固定位置以及會變換位置使用的電器，不妨事先推想，再決定插座數量。

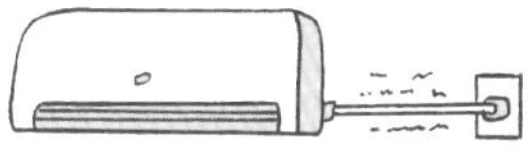

★冷氣空調專用插座
若無事先規劃，可能會出現插座在冷氣後方或距離冷氣太遠的情形，因此在選擇機種時，必須考量插座位置及電線長度。

事故的對象以嬰幼兒及高齡者為主，絕大部分都發生在浴缸內。對於嬰幼兒溺水的問題，建議不妨將浴室的門鎖住，或是放掉浴缸裡的洗澡水，就可以預防類似事故發生。

冬季高齡者常於浴室發生事故，主要原因是起居室與浴室的溫差過大，因此最好在建造階段就採取預防措施，例如在浴室周圍的牆壁進行保溫或氣密施工，再加上暖氣烘乾機或是選擇使用具有保溫效果的衛浴設備，都是不錯的方式。

除了溺水之外，最常發生的意外就是因地板高低差引發的跌倒事故。提到地面高低差，通常第一個會聯想到的還是浴室吧！其實除了浴室外，還有和室、門檻，或是因裝潢材料厚度不同，而產生的些微地面高低差等等。其實透過建築物本體結構的調整，就能夠消除這些地面高低差。

注意小細節是營造舒適居住環境的重要關鍵，請務必隨時留意。

樓梯與浴室是2大危險區，謹慎規劃才能防範未然

樓梯最容易發生事故，請留意坡度，切忌過陡

在家中發生的跌倒、墜落事故當中，以地面高低差所造成的事故件數最多，其次則是從樓梯上墜落的意外事故。

然而，從使用頻率來看，我們日常生活中使用樓梯的時間其實並不長，對照事故發生的件數比例，或許樓梯才是家庭內最危險的場所。

設計樓梯時必須考量坡度及形狀，**一般住宅的樓梯坡度請以三十九度為基準**。另外，為考量跌倒或滑倒時的安全性，在空間許可的情況下，不妨設置樓梯平台，以提高安全性。

室內危險因子❶樓梯

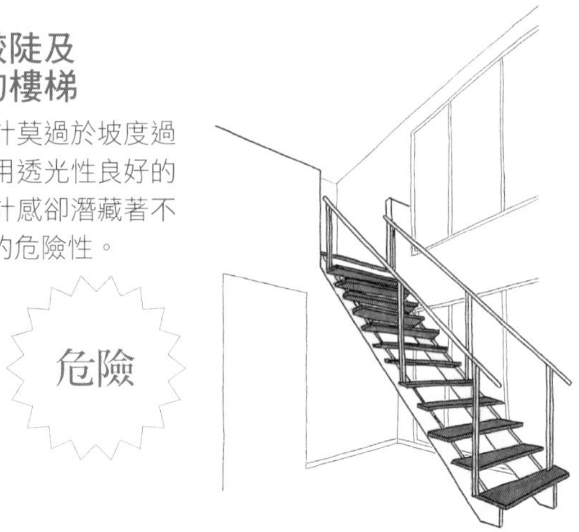

★注意坡度較陡及透光材質的樓梯

最危險的樓梯設計莫過於坡度過陡，其他像是採用透光性良好的材質，雖具有設計感卻潛藏著不慎踩空而受重傷的危險性。

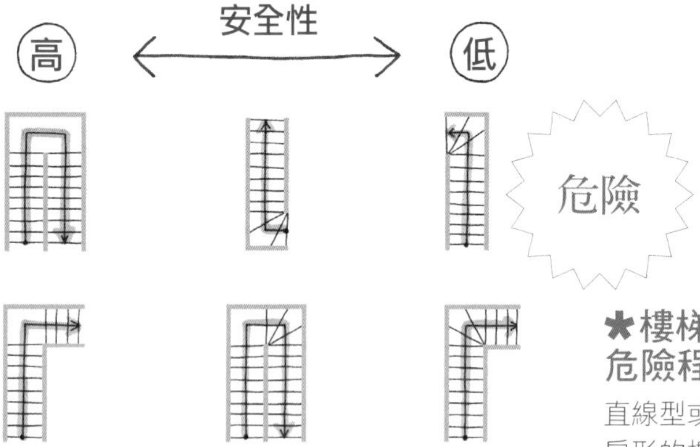

轉彎處採樓梯平台設計。

剛上樓的轉彎處就出現扇形梯面。

上樓途中或是接近樓梯末端的轉彎處為扇形梯面。

★樓梯形狀不同，危險程度也有所不同

直線型或是轉彎處階梯面呈扇形的樓梯均具有危險性，相反地，在轉彎處設置平台的樓梯安全性較高，萬一不慎跌倒也不至於直線滾落。

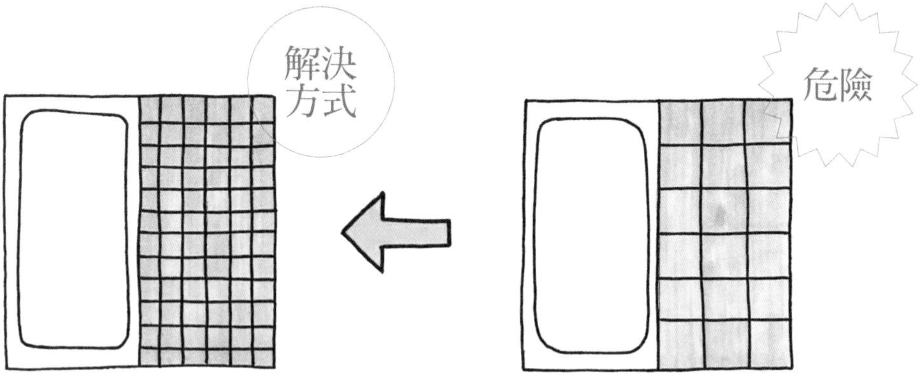

★大尺寸磁磚

浴室採用大尺寸磁磚（約30cm²）時，由於腳掌接觸到的磁磚接縫較少，容易滑倒。

★小尺寸磁磚

浴室採用小尺寸磁磚（約10cm²）時，由於腳掌接觸到的磁磚接縫較多，具有防滑效果。

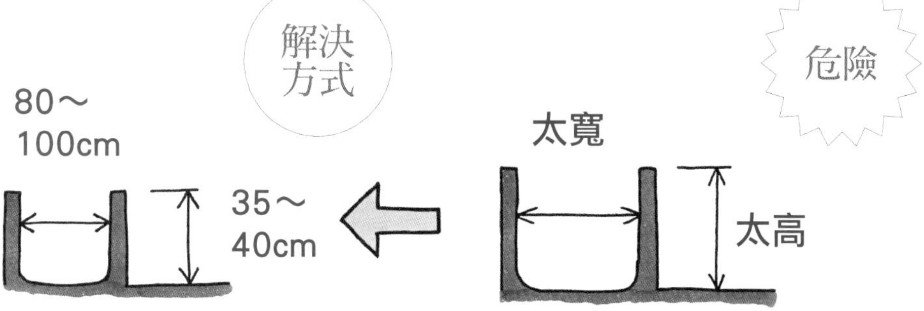

★浴缸高度過高

高度及寬度過大的浴缸，一旦滑倒時，恐怕會有溺水的可能性。

★降低浴缸高度

一般浴缸的高度為40～45公分，為了方便家中長輩使用，建議將浴缸高度降低到40公分以下。另外，不妨將浴缸內側深度規劃至45～55公分，並且加裝扶手。

消除浴室內外溫度差，是防止溺水的重要方式

預防浴室內的意外事故，可以採取的對策包括：降低浴缸高度、裝設防滑地磚、加裝緊急通報器等等。

此外，也可以改用浴室拉門，或是可以從外側打開的浴室門，這樣萬一發生事故，就不會有人被反鎖在浴室內。以上這些都是十分重要的細節，要二留意。

另一項不可忽略的重點就是消除更衣室與浴室的溫度差異。人體會因為室內溫度的差異，使得血管收縮，發生劇烈的血壓變化，而劇烈的血壓變化又與腦溢血有關。

即使不到腦溢血的程度，有時也會發生從浴缸起身時暈眩，以致於無法起身而溺水身亡的事故。因此，我建議提高室內的保溫功能，儘量縮小溫度差，或是使用浴室暖氣設備，消除室內溫度差。

被門窗夾傷或不慎跌倒，這些好發事故都可以避免

室內危險因子❸門窗

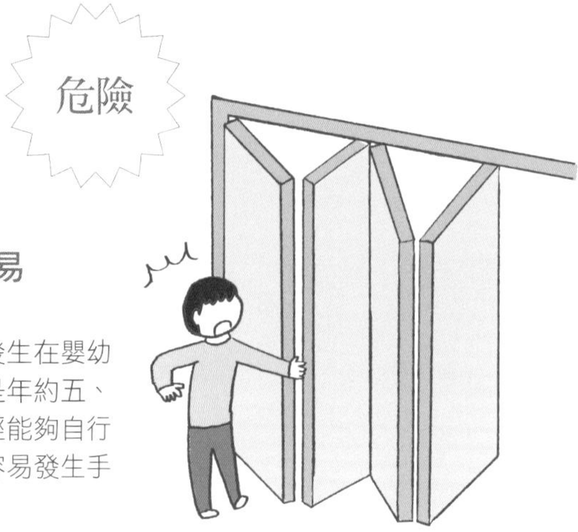

★彎曲處容易誤夾手指

這類事故經常發生在嬰幼兒身上，尤其是年約五、六歲的幼兒已經能夠自行開關門窗，最容易發生手指夾傷的意外。

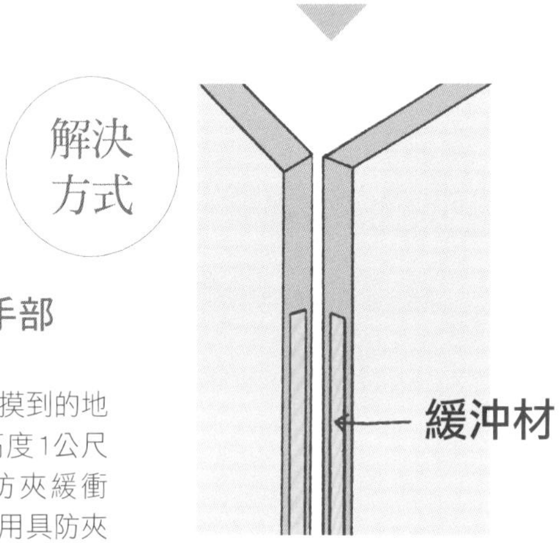

★防止誤夾手部的方法

於幼兒手部能夠摸到的地方，即離地約高度1公尺左右之處加裝防夾緩衝材。此外也可使用具防夾手功能的門窗製品。

安裝折疊式拉門，請特別注意夾傷問題

為了避免開關門而發生碰撞事故，面對走廊的房間門通常會採向內開啟的方式，但萬一有人在廁所內昏倒，就可能堵住門口無法救護，所以我建議採用「向外開啟」的門，會比較安全。

當然，最理想的廁所門是應該是拉門，其次的選擇是摺疊門。但因為空間上的考量，大多數家庭難以設置拉門，只能安裝摺疊門。不過，**摺疊門的蝴蝶鉸鏈容易發生夾傷事故，這點請務必注意。**目前市面上增加許多防止事故的產品，請選擇符合業界安全方針的產品吧！

室內危險因子❹地面高低差

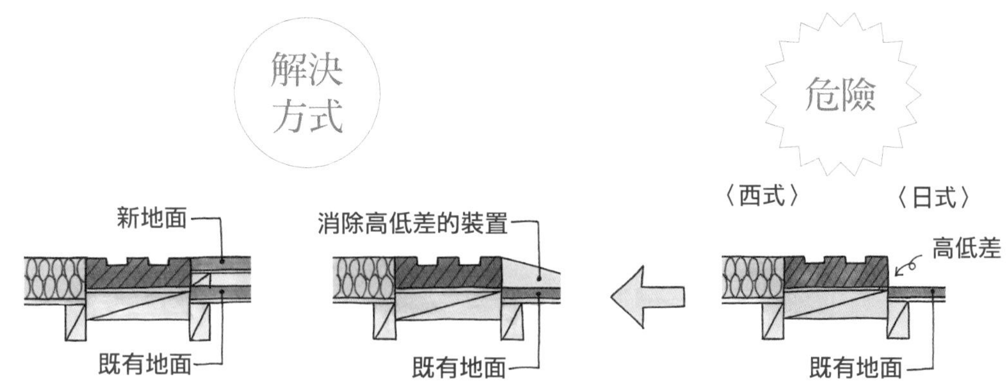

★房間的地面高低差

和室與西式房間交界處的地面通常會有高低差，容易造成跌倒。

★維持原貌

可安裝類似坡道板的裝置，消除地面高低差。

★架高地面

架高西式房間的地面高度，消除地面高低差。

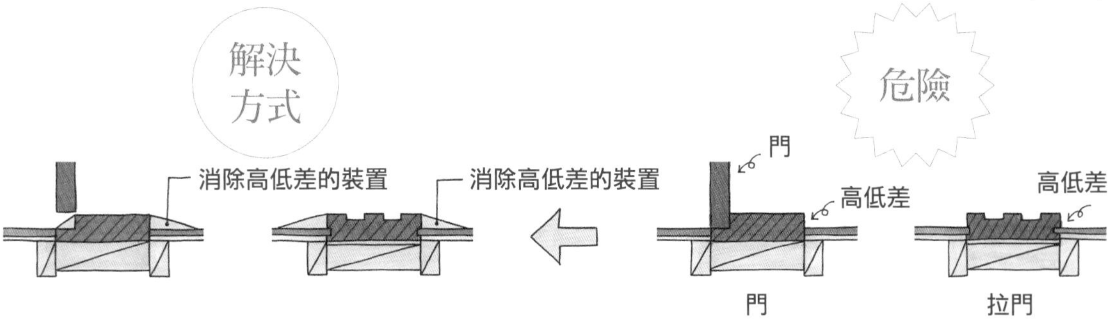

★與門窗之間的高低差

門或拉門的門檻會比地面高出1～1.2公分。

★安裝消除高低差的裝置

安裝消除地面高低差的裝置，例如採用懸吊式軌道的拉門，就無需考量門檻。

地面高低差容易使人跌倒，設計規劃時不可不慎

被些微的高低差異絆倒，或是因為沒踩穩而滑倒，這類的事故會隨著年紀增長而漸漸增加。就算現在完全沒有這方面的困擾，誰能保證二十年、三十年後的情況會是如何呢？因此我認為在規劃住宅時，為將來預先最好打算也是相當重要的事，或許這也是設計時不可或缺的想像力吧！

為了年老後的舒適生活，建造住宅時請留意地面高低差，通常和室與西式房間的交界處，在結構上會有4.5公分左右的高度差，而這個差異可以設計巧妙消除。

近年來有些人選擇在室內門下方不設置門檻，或是削除部分門片，形成較大的門縫，做為空氣流通之用，因此房內與房外地面沒有高低差。如果因為考量建築物的結構或功能，而使得地面出現高低差時，不妨藉由顏色或是裝設可消除高低差的材料，來解決地面高低差的問題。

※懸吊式軌道：拉門的軌道位於上方，橫向開啟或關閉拉門。

63

遠離居家危險 ● **玻璃、漏水、結露**

從室外引入微風及光線的同時，也要避免積水、結露等問題

現代住宅有80％的事故，起因於跌倒、碰撞玻璃

室內危險因子❺玻璃

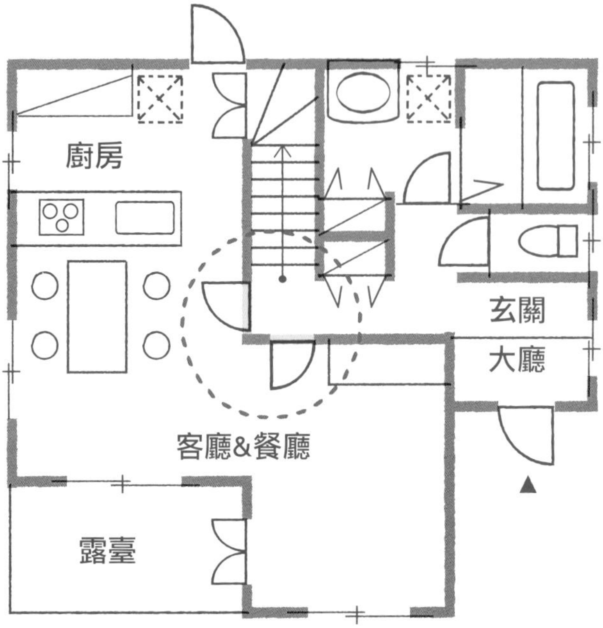

▲樓梯與客廳之間有一道玻璃門，而樓梯是直線型樓梯，萬一不慎跌倒滾落又碰撞玻璃門時，很可能造成嚴重傷害。

近年來，越來越多人在門窗上採用玻璃材質，並且面積也逐漸加大，使得不慎碰撞玻璃而受傷的可能性也隨之增加。

據了解，**一般住家有80％的事故起因於露臺、出入口、玄關或浴室的玻璃，**不是沒注意到露臺窗戶或出入口周邊的玻璃而發生碰撞事故，就是在玄關、浴室跌倒而撞上玻璃。

此外，也有在樓梯周邊裝設玻璃所發生的意外事故，尤其是從直線型樓梯墜落時，如果周邊設有玻璃門或大面積的固定式落地玻璃，將更會加危險，必須十分注意。

★陽台與房間無高低差

房間與陽台地面無高低差時，雖然方便進出，但陽台積水相對地也容易流入室內。

解決對策

為了避免積水由落地窗流進室內，段差高度至少應達12公分以上。

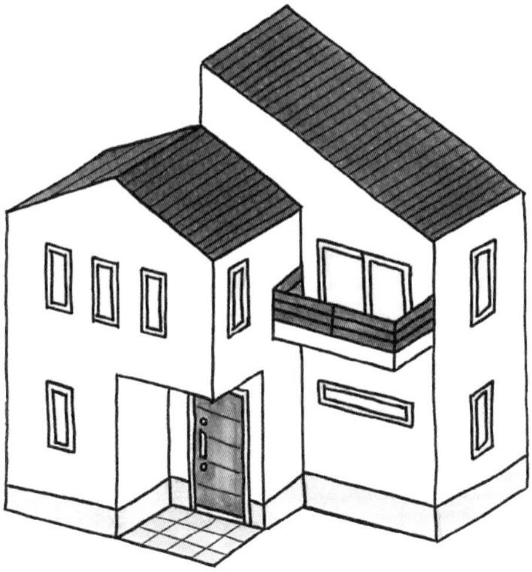

★幾乎沒有屋簷

近年來，出現許多無屋簷的住宅。雖然建物外觀簡單俐落，但是雨水會沿著牆面流下，造成牆面髒污或發霉問題。

解決對策

雖然不必設置大屋簷，但最好保有30～45公分的屋簷深度！

★密封防水施工不良

外牆材料的相接處、窗框需使用密封劑填補隙縫。如果施工品質不良，將造成日後的漏水問題。

解決對策

使用密封劑深入填補接縫及窗框處的所有隙縫。

★空氣無法內外流通

雖然採用外牆通風工法，但是因為牆內的空氣流通狀況不佳，仍出現結露問題。

解決對策

「通風工法」是從外牆下方引入空氣，並使其向屋簷下方或閣樓區流動。應委託通曉該工法的業者進行施工。

漏水、結露對人體有害，應事前督工，提升施工品質

房屋如果出現漏水或結露問題，長期下來不僅會影響建築物的本體結構，導致發霉、塵蟎等問題，還會對人體健康產生不良影響。

只要談到漏水，就會聯想到屋頂，但其實超過八成的漏水問題都起因於側面牆壁，例如：雨水從釘孔處滲入、防水施工做得不周詳等，因工程失誤所導致的漏水問題有持續增加的情形。

使用防水性能高的外牆或裝潢材料、門窗的處理方式、陽台周邊防水施工等等，這些地方都有確認施工狀況的必要性。

64

室內外雜音或濕氣問題，會嚴重影響居住品質

朝三方向改善噪音，擁有高品質的住宅生活

聲音吵雜不僅會干擾睡眠，也無法好好度過休息時光，因此，如何阻隔從外面道路或鄰居家傳來的聲音、屋內樓梯或走廊、門的開關等住宅內會有的聲音，或是降低這些聲音所產生的干擾，重要性不言而喻。尤其是家人會介意浴室或廁所等聲音，在浴室及廁所下方不要設置房間等等，都是規劃空間時不可忽略的部分。

此外，也要將心比心，注意自家住宅是否會影響到鄰居的生活。包括住宅的內部及外部，**充分考量「室外噪音」、「室內噪音」、「對鄰居的干擾」等三個部分，就能有更安心、更高品質的生活。**

室內常見問題❷雜音干擾

惱人的室內雜音

洗衣機運轉聲

目前市面上有不少強調安靜的洗衣機，不過夜晚洗衣時，難免還是會擔心洗衣機運轉時所產生的噪音。不妨在洗衣機下方設置防震墊，減少震動噪音。

排水聲

使用加裝吸音及隔音材料的排水管，或是在排水管外包覆吸音材料或鉛板，就可以解決排水噪音問題。

室外機

室外機運轉時的震動並不會直接影響建築物地面。如擔心雜音干擾，不妨放置保麗龍，減少運轉時的噪音。

上下樓梯的腳步聲

階梯使用薄的板材，容易產生咚咚作響的腳步聲，干擾家人休息。最好是選擇具有厚度且較堅固的材質。

惱人的室外雜音

對策1

於外牆加裝隔音材料

建議使用厚度僅數釐米的樹脂隔音板。同時採用隔音板與吸音材料，隔音效果更加顯著。

對策2

多加一層窗戶

如果希望獲得更好的隔音效果，與其改換隔音窗，不如於窗戶內側增設一層窗戶，也就是「雙層窗」。

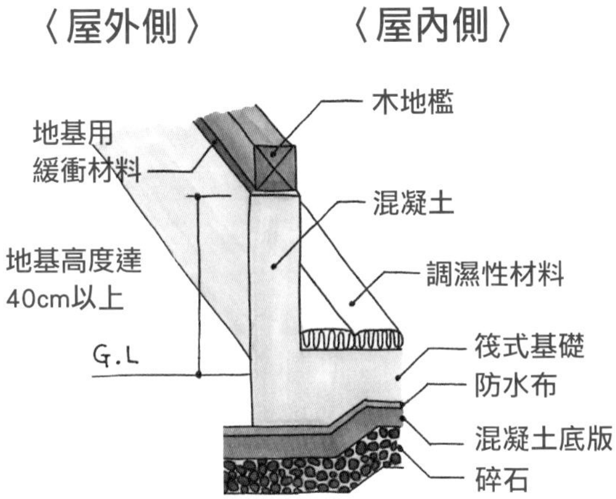

★對付地板下方的濕氣

筏式基礎※可減少由地面產生的水蒸氣。如果擔心濕氣問題，不妨加裝調濕性材料。

※筏式基礎：不僅是架起地基高度，而且是鋪設整面鋼筋的地基類型。

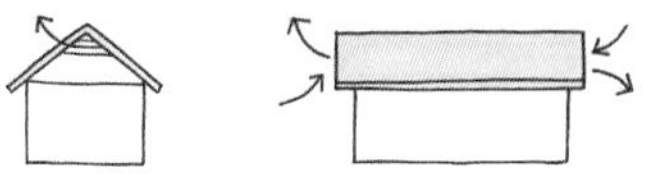

1/300以上（給氣、排氣兩用）

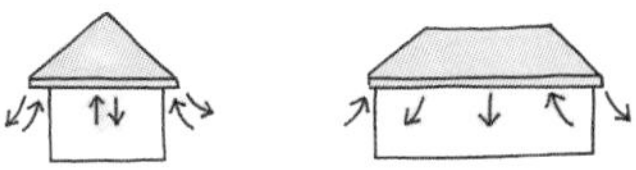

1/250以上（給氣、排氣兩用）

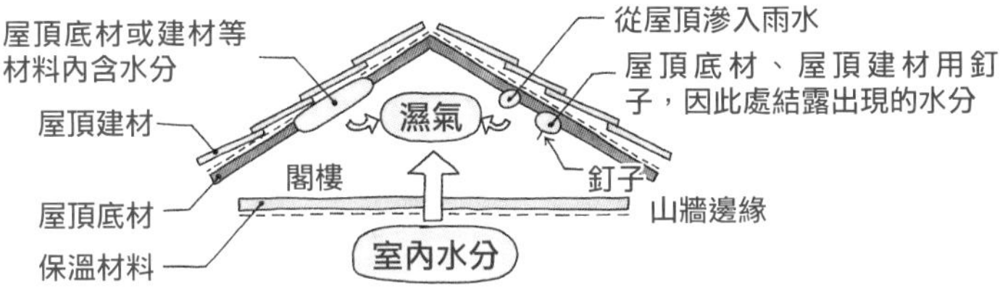

★蓄積於閣樓的濕氣

除了牆壁及地面之外，閣樓空間也會有蓄積濕氣的問題。需要採取適當的除濕對策。

★閣樓換氣口圖例

閣樓需設置二處以上的排換氣口。有效換氣面積須達天花板面積的1/250～1/300。

閣樓和地板最易潮濕，多雨地區防潮很重要

如果室內濕氣無法排出，不僅會讓人感覺潮濕、不舒服，也會損害家中木質家具或地板，甚至影響建築物的整體結構。

濕氣因應對策的重點部位，在於地板下方以及閣樓。建築物的水分、濕氣、生活用水的漏水及地面濕氣，都會在地板下方處顯現出來。現代住宅多採用筏式基礎（mat foundation），通風效果佳，地板下方是水泥材質，屬於不易聚集濕氣的構造，如果住家位於住宅密集地區，又擔心通風問題，不妨採用可調節濕氣的建材改善潮濕問題。

此外，屋頂及天花板之間的閣樓，也要設置通風口。排出高溫濕潤的空氣，就不會聚集濕氣，因此閣樓必須裝設通風口，確實排除濕氣，或是保留檢查出入口，以便於進入閣樓內檢查，確認空氣流通的狀況，或是檢查是否有雨水滲入的痕跡。

65

不只要考慮插座數量，插座的「位置」也很重要

室內常見問題❹插座

四十坪的住宅空間，插座以三十五個為基準

如果插座不是設置在必要的地方，或是數量不足，生活就會產生不便，所以最好事先列出各個房間需要使用的電器設備，接著再決定插座位置與數量吧！

設計師雖然會預估基本的插座量，但他們不清楚居住者想要使用電器的地方，例如：想在玄關附近設置水族箱、想在景觀窗旁裝飾聖誕樹等。

因此居住者自己必須先思考生活流程或整年度的活動，甚至是想像將來的生活景象，事先決定插座的數量或位置。**通常四十坪左右的空間，約需設置三十五個插座。**

插座數量的參考基準（不含冷氣機）

場所	數量	預定使用的電器設備
玄關	1	吸塵器、季節性裝飾品、擺飾品等
走廊	2	吸塵器、踢腳燈等
樓梯	2	吸塵器等
客廳	6	電視、DVD、音響、電腦相關（螢幕、印表機）、電話、傳真機、電暖器、吸塵器、電風扇、空氣清淨機、檯燈等
餐廳	4	電磁爐、烤麵包機等
廚房	6	冰箱、熱水瓶、咖啡機、微波爐、烤箱、果汁機、洗碗機、電子鍋等
房間	3～4	檯燈、各式充電器、電蚊香、電毯、加濕器、烘棉被機、電暖器、熨斗、吸塵器等
盥洗室	2	洗衣機、烘乾機、吹風機、電動牙刷、吸塵器等
廁所	1	免治馬桶等
戶外區	2	熱水器、清掃車庫、充電等用電需求

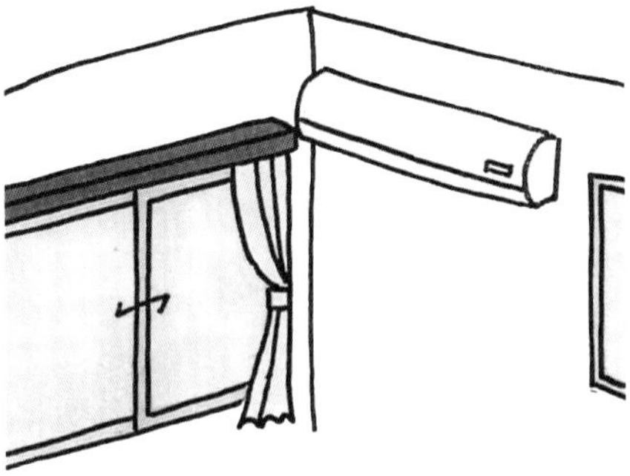

★窗簾的位置

各家廠牌的冷氣尺寸大小不一，如果沒有事先確認清楚，有可能會與設置窗簾的位置重疊。

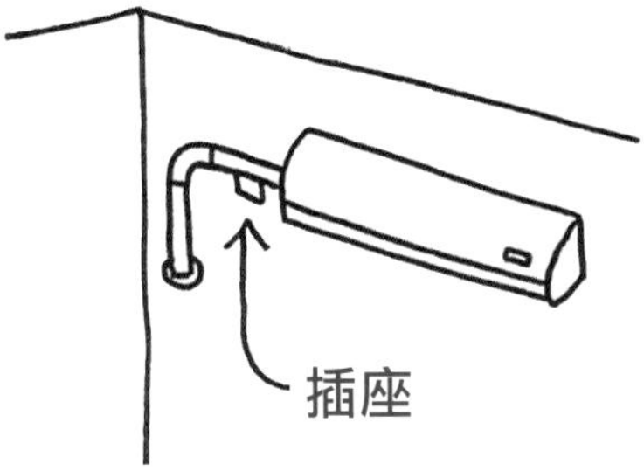

★冷氣管道孔的位置

管道孔距離冷氣過遠時，會增加露出牆面的管道長度，此外也可能會遮蔽插座。

★凸窗的位置

若無事先規劃凸窗的位置，可能須彎曲冷氣管線以避開窗戶。不僅使得冷氣運作效率不佳，也會影響外牆的美觀。

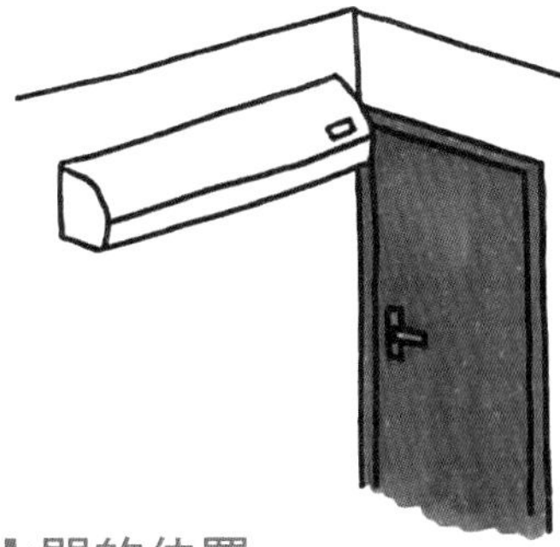

★門的位置

冷氣與衣櫃或收納櫃門之間的距離太短，有可能面臨櫃門無法打開的情形。

冷氣管線的位置很重要，要事先測量、預留空間

每個房間的家具配置會隨著人生階段或生活型態的變化，而出現不同的可能性。

例如，一旦改變床鋪的位置就會擋住插座，因此不妨事先想像變更的可能性，預先設計兩種以上的空間配置方式吧！

此外，特別需要注意的是冷氣空調，由於冷氣的消耗電力大，需要備有冷氣專用插座或配管用管路，必須事先決定並且預留空間。

如果沒有事先計算冷氣的尺寸，就可能會擋到窗簾軌道以至無法設置窗簾，或是出現門擋到冷氣的情況，因此必須事先確認安裝冷氣的位置，預留冷氣管的孔洞或管路，才不會造成事後困擾。

column 3

上網購材，到底好不好？

以下案例是與眾多委託人討論的過程當中，讓我印象深刻的案例，這次要與各位分享關於委託人提供網路購買設備的故事。

上網購買建材之前，必須先了解潛在風險

網路的普及對建造住宅造成很大的影響。因為網路上的產品樣式齊全，許多委託人會自行上網調查價格，甚至直接線上購買，自行提供裝潢材料。

自行提供裝潢材料當然沒問題，但如果沒有事先理解背後潛藏的風險，不僅會給現場的工作人員造成困擾，還容易因為買貴而得不償失。

以下是曾發生的真實案例：

「我在網路上看到很喜歡、價格又便宜的無垢木質地板，我想要使用那個材料，不知道可不可以？」

委託人提出這樣的期望，我當然能理解，但一打開包裝後卻發現木板彎曲、節眼很多，許多板材根本無法使用，經過詢問後，賣家的回答竟然是：「無垢材就是長這樣，沒辦法退換貨。」

另外一個例子是委託人的太太向我提出需求：「因為在網路找到很棒的進口瓷磚，我想貼在浴室裡。」

貼完磁磚後，那位太太前來工程現場確認狀況，她很介意磁磚的切口，因為日本磁磚會將直角磨圓，但是進口瓷磚卻不是，完成後的感覺和她的預想的大不相同。

由於網路購買並不是面對面購買商品，所以發生糾紛時十分麻煩，有時甚至會影響到工期。

如果委託人想要自行提供裝潢材料，應儘早與設計師或負責工地施工的人討論，確認雙方責任範圍，以及日後的維護保養事宜。

第6章
了解住宅細部規劃，打造設計師精緻家

本章將介紹照明、家具、色彩計畫等等，
建造住宅時必須注意的細部資訊。
讓我們建造一間講究細節的住宅吧！

施工前先進行「地質調查」，為新家打好穩固基礎

施工前，應確實調查地盤狀況

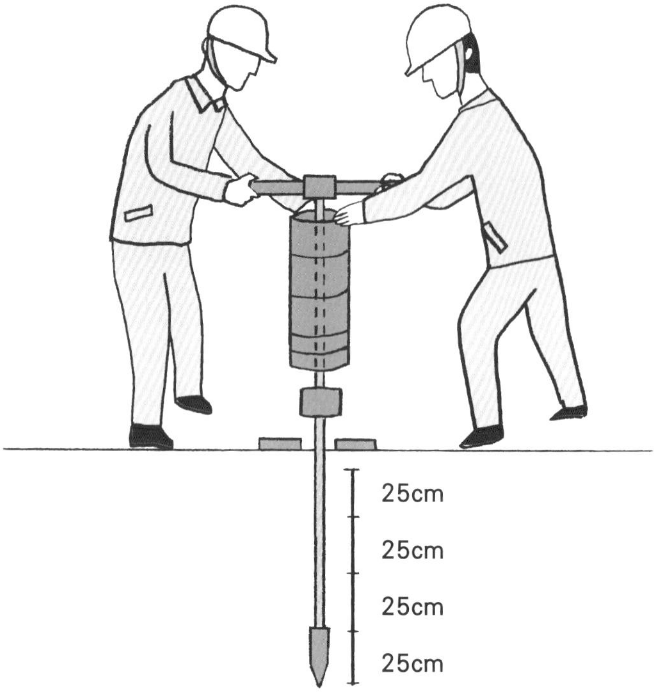

★瑞典貫入試驗的施作方法

從旋轉數計算出地盤的強度（也就是N值），再從N值求出地盤支撐建物的承載力。假使建築的樓層數不超過三層樓，採用瑞典貫入試驗就足以確認地盤強度。

※N值：顯示地盤軟硬程度的數值。N值越大，表示地層越硬。中高層建築物所需的地層支撐力，N值須達30～50以上。

決定購入土地後，一定要進行地質調查

預防缺陷住宅的重點在於是否全盤思考建築物結構的支撐部分，換言之，關鍵就是地質與地基。尤其地質結構無法以目視檢測，因此確實的調查就顯得格外重要。

調查方法可分為兩種，分別為鑽探調查（標準貫入試驗）及瑞典貫入試驗。標準貫入試驗是調查土地的軟硬或緊密度狀態，瑞典貫入試驗則是計算出N值，再由N值求出地層的承載力。**N值是顯示地質軟硬程度的指標，該值越大表示土層結構越堅硬密實，是堅固的地質；該數值越小，表示土層結構鬆軟，屬於軟弱地質。**將地質調查所獲得的數值做為參考依

地盤補強的5種常見方法

★筏式基礎

將建築物載重施力於整體地基。

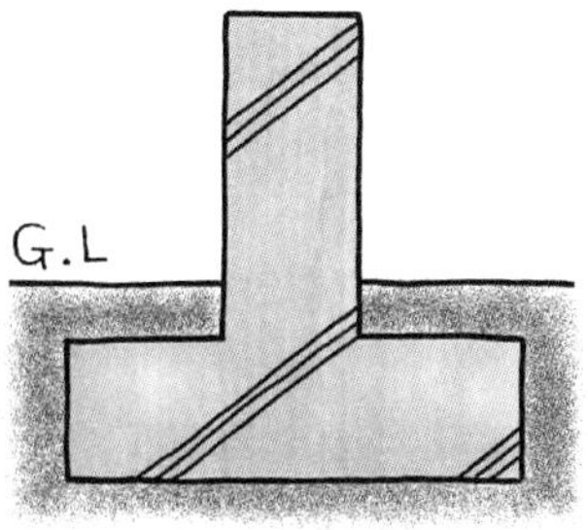

★擴底地基

擴大連續基腳的寬幅。

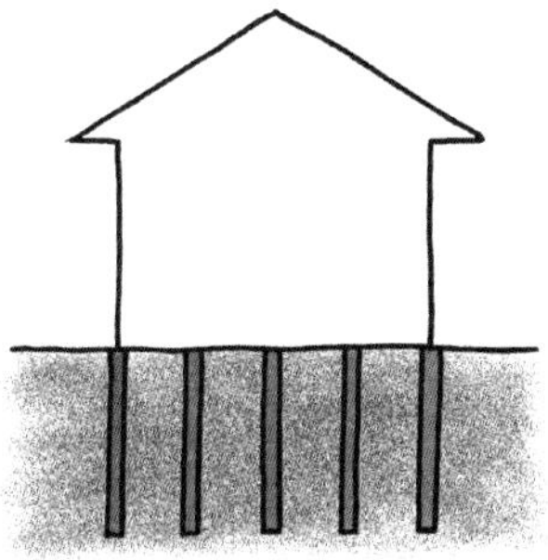

★鋼管樁工程

如基地為上方是軟質地盤，下方有堅固地盤的類型時，則適合採用該工法。鋼管樁可深入地層10～15m。

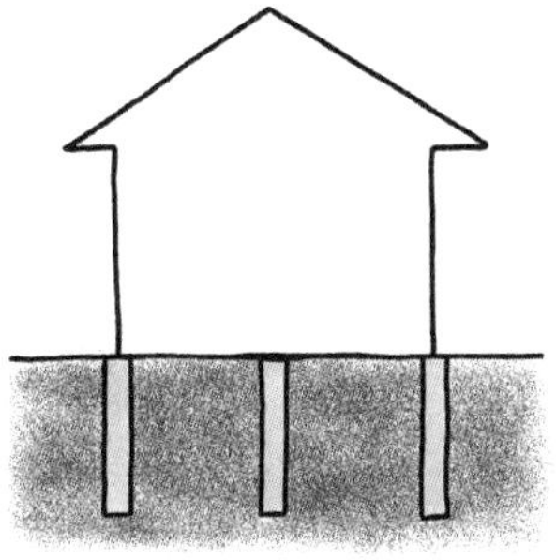

★柱狀改良工程

於地盤挖出直徑40～60cm的孔洞，灌入固化劑形成柱狀樁體，藉由與地盤的摩擦抵抗承載建物重量。

★表層改良工程

挖起表層地盤，混合水泥系固化劑，回填後形成堅固的地盤。

據，就能決定地基的形式或大小。

完成地質調查後，接下來的重點就是建築物的地基。造成缺陷住宅的原因當中，最嚴重的就是不均勻沉陷，而不均勻沉陷是正是地基與地質不符合所致。

確實打好地基，基盤穩固房屋自然耐久

住宅地基大致可分為筏式基礎（mat foundation）及連續基腳（continuous footing）兩種，它們最大的差異在於連續基腳是以「線」的方式承受建築物重量，而筏式基礎則以「面」的方式承載建築物重量。

近幾年有許多建築是採用筏式基礎建造而成，筏式基礎適用於軟弱地質，而且會在地面鋪設水泥，所以濕氣不會從土壤表面往上滲入屋內，這是筏式基礎的好處，但由於整個地基均承受建築物的重量，所以必須平穩的固定於地表，荷重力量也必須平均，否則就會導致不均勻沉陷。

確認常見的「建築圖面」，在腦中建構理想未來

四種必須注意的圖面：裝潢圖、展開圖、衛生設備圖、電器圖

建造獨棟建物所需要的圖面大大小小約有十五～十六種，大致上可區分為設計、結構及設備這三大類。

設計圖面是使用平面圖或立體圖畫出建物的內外部設計；結構圖面則是標示出基礎、地基，其次為建築物的結構、骨架等部分；設備圖面則用來統整配管的管線、家電設備清單。

在眾多圖面當中，**委託人需特別注意的圖面是「裝潢圖面」、「展開圖面」、「給排水衛生設備圖」以及「電氣設備圖」等四種。**

平面圖、立體圖或剖面圖是掌握建物的整體設計印象必要的圖面，而

以展開圖確認室內氛圍

★展開圖

標示出各空間的四面牆。透過展開圖，可確認窗戶或收納櫃的高度等細節，十分便利。

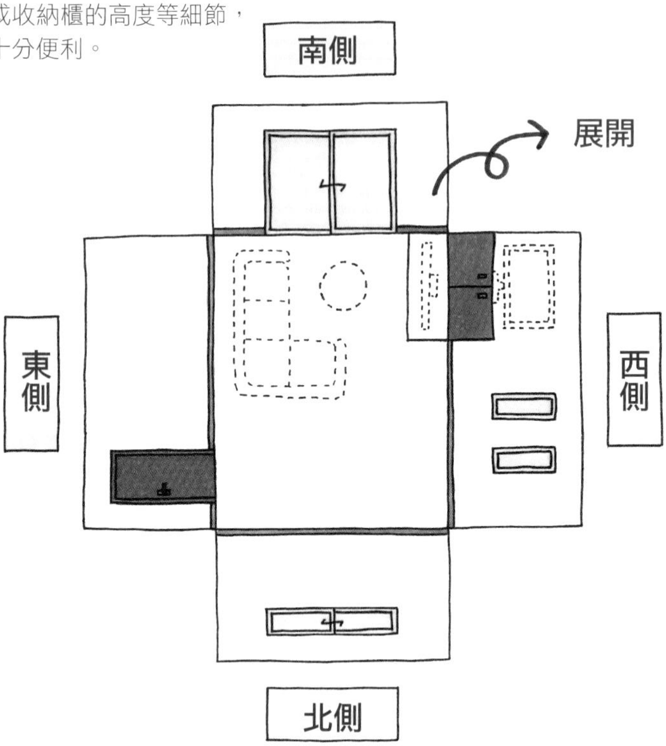

各式各樣的建築圖面

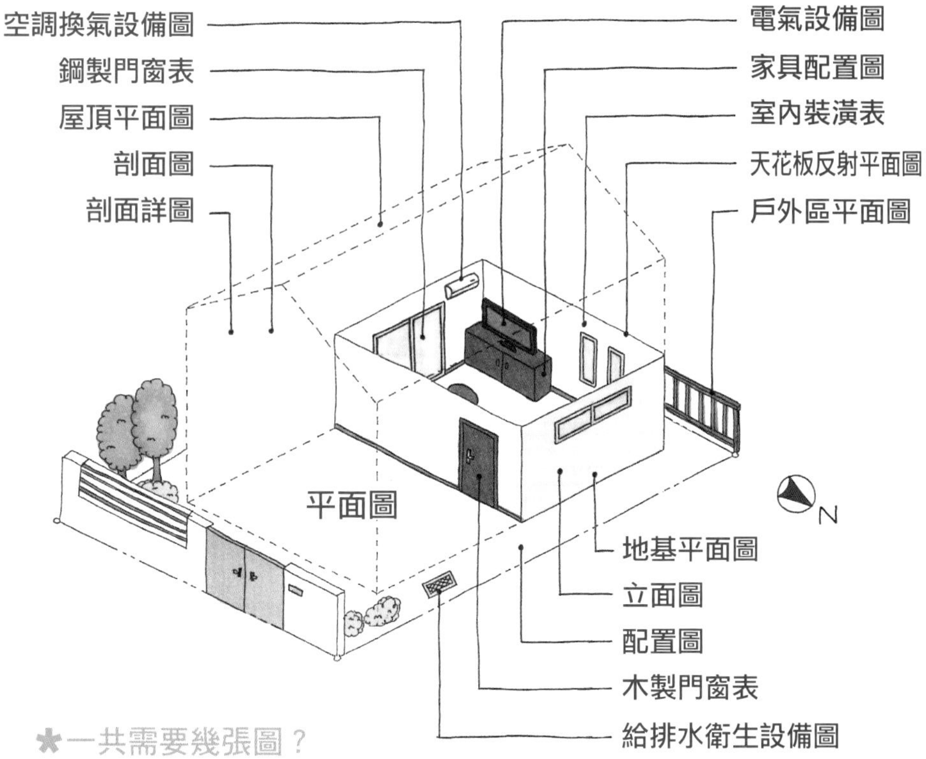

★一共需要幾張圖？

建造樓地板面積30～50坪的獨棟建築時，需繪製約15～16種設計圖，張數約達30～40張。除了上圖所介紹的各種圖外，其他尚有規格書、構造圖等。

上述四種圖面是可以讓人想像生活景象的圖面，尤其是展開圖面，除了從東西南北四個方向分別畫出房間的四道牆面外，也標示出窗戶的方向、高度及位置、家具及櫥櫃高度等細節，可以說是與日常生活關係十分密切的圖面。

以廁所的展開圖為例，起初先確認裝潢，窗戶的高度、收納櫃是否設置在手搆得到的地方、馬桶的產品編號、衛生紙架的裝設位置、照明設備與插座的位置，這些都是需要確認的項目。

即使初期建造時，工程順利進行，進入裝潢階段後工地現場也會突然變得慌張起來。原因幾乎都是進入內部裝潢階段後出現許多問題，而這些問題都與前述四種圖面有關。

施工現場常出現的問題包括：沒有展開圖、有展開圖卻沒有標註高度、標示不明確等問題，因此，只要確實理解這四種圖面，事先掌握細節就能夠避免問題的發生。

選擇「氣密保溫住宅」，冬暖夏涼，節能又舒適

先思考氣密保溫住宅的優缺點，再擬定對策

與環境與住宅有關的問題已經不單純只是企業或廠商的問題，而是所有生活者的問題。

想要建造一間對環境友善的住宅，除了重新檢視自己的生活型態之外，也必須降低環境負擔、有效利用資源，並且採用「節能設施」，此外，住宅的「氣密」、「保溫」也是對策之一。

若要提高氣密與保溫性能，就要消除從縫隙吹進屋內的風並留住室內空氣。

採用氣密設備的建物能降低冷暖氣空調設備的能源流失，保溫則是在住宅的外牆、屋頂、地板加入保溫材

一般住宅與高氣密、高保溫住宅的差異

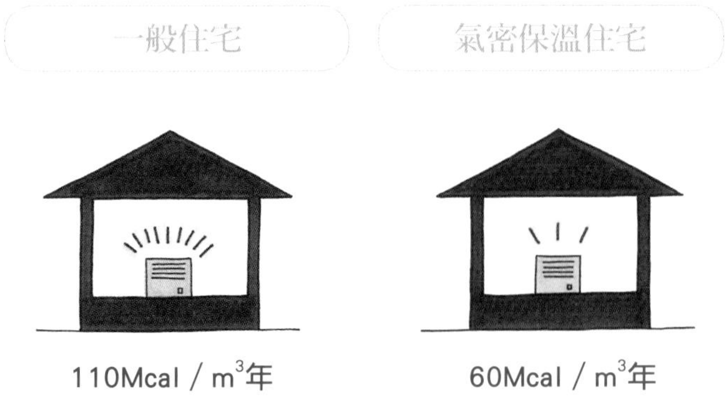

★能源消耗面的比較

一般住宅每年所消耗的能源是高氣密、高保溫住宅的1.8倍。

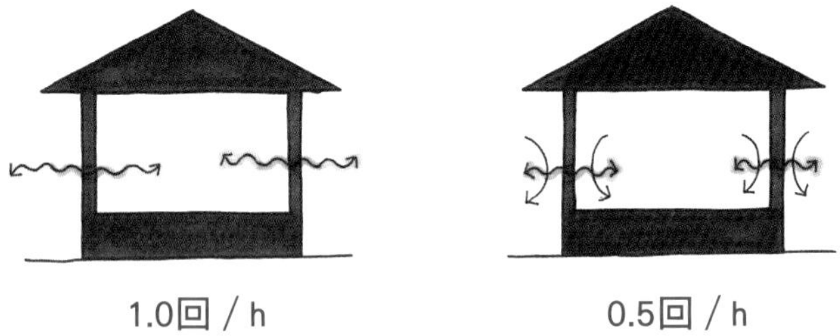

★換氣量的比較

一般住宅約每小時換氣一次吧！
高氣密、高保溫住宅每小時的換氣次數約為0.5次。

三種常見的保溫工法

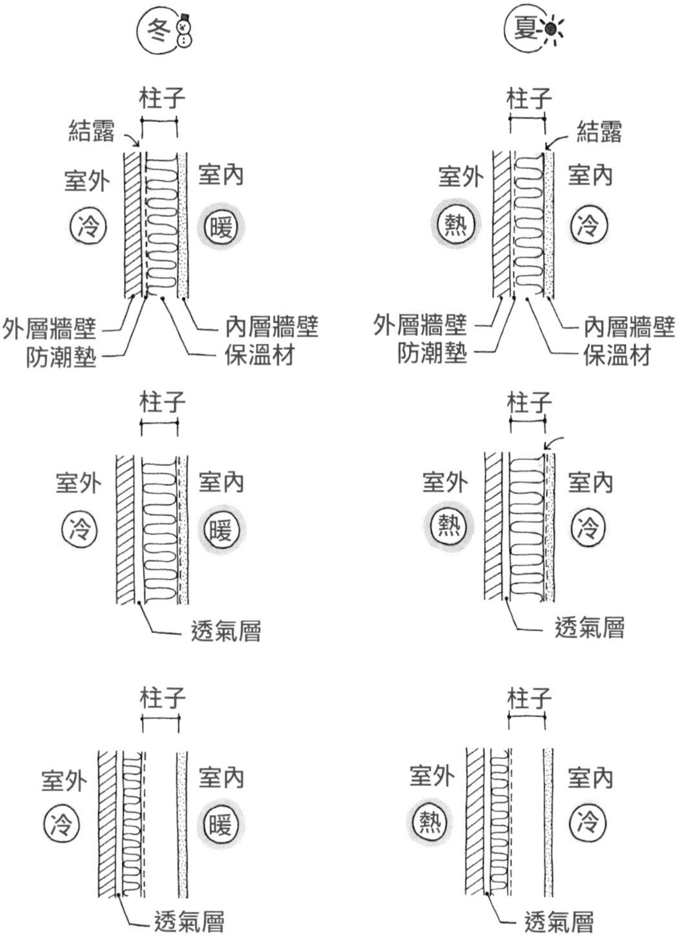

★內保溫工法（充填工法）

夏 如果保溫工程的施工品質不佳，室內牆內側容易出現結露現象。

冬 如果保溫工程的施工品質不佳，室外牆內側容易出現結露現象。

★內保溫通風工法

夏 有時室內牆內側會出現結露現象。

冬 由於有通風層，所以不易結露。

★外保溫通風工法

夏 冬 無結露現象。於柱子外側填入保溫材料，使得牆壁變厚，不過可避免結露問題。

料，讓戶外的寒氣難以傳進室內，同時也不讓室內的溫暖空氣流出。

增加「透氣層」，避免牆面的結露問題

然而，**高氣密高保溫住宅必須注意結露問題**。

結露是指於玻璃窗或牆壁表面所出現的表面結露，以及於牆壁內所發生的內部結露，如不妥善改善結露，將造成嚴重的住宅問題。

內部結露會降低保溫功能、使得建材腐爛、助長塵蟎、黴菌滋生，這些原因都會成為縮短建物壽命的原因。針對預防內部結露，可採透氣工法讓牆壁保有透氣層，就能夠大幅改善結露現象。

容易結露的原因與內部保溫材的施工方式有關，施工時只要能夠避免保溫材之間出現縫隙，就可以避免內部結露的問題。

透過不同的室內照明，營造個性十足的私人空間

改變光源顏色和燈具，就能讓家更有溫度

對室內裝潢而言，除了整體配色之外，就屬「照明」最重要了！並不是家中所有地方都需要相同的亮度，照明的重點追根究柢，還是在於整體的平衡。

搭配每個空間的性質或用途，選擇適合的照明器具或光源的種類，讓整體的明亮度更有變化。

舉例而言，餐廳經常使用吊燈照明，只有餐桌上方有光源，就能形成家人面對面交談的空間。然而這樣的氣氛很容易變成嚴肅的「報告大會」，如果將餐廳的照明改為天花板吊燈、壁燈及立燈，讓光源來自三個方向呢？

照明設備的種類

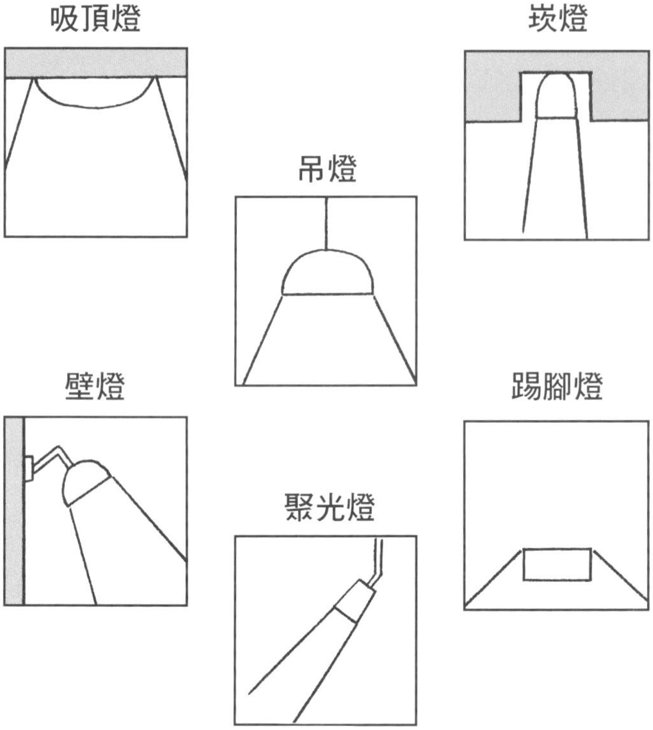

★規劃適合空間屬性的照明設備

重點在於配合每個空間的特性與用途，安裝不同種類或亮度的照明器具。

客廳的照明規劃示意圖

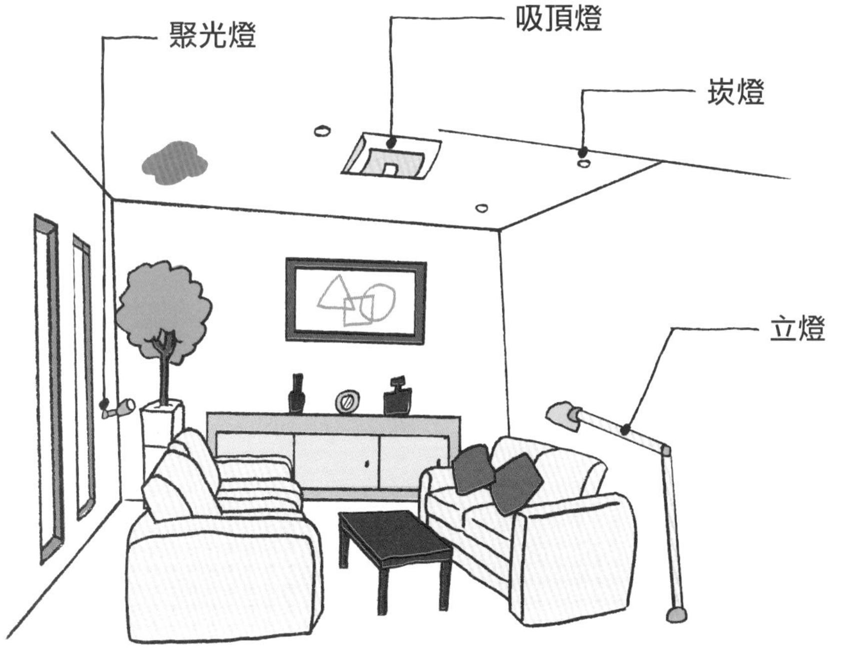

吸頂燈

螢光燈的色調及亮度較適合從事活動、工作時使用，因此無法營造出放鬆休憩的氛圍。

聚光燈

安裝夾式聚光燈，讓室內植栽的影子倒映在天花板上。

崁燈

可於天花板或壁面上等間隔裝設數盞崁燈。

立燈

可確保閱讀時的明亮度，變換燈頭角度，還能照射牆壁或天花板，呈現間接光源的效果。

★照明計畫的重點

客廳是家人相聚的主要空間，可設置兩種以上的燈具，讓光線富有變化。傍晚時分，只開啟吸頂燈，到了夜晚，透過崁燈與立燈，營造出舒適放鬆的空間氛圍。避免讓燈光直射自己，有助於讓心情沉靜下來。

視線會分別朝向三個光源，而不同方向的光源更能營造出柔和的空間感與聊天的氛圍吧。

燈泡的黃光接近夕陽的顏色，具有穩定情緒、讓人放鬆的效果。回到家後，如果家中的照明也像公司一樣使用白色螢光燈管，將無法從工作模式中解脫，因此切換成讓人放鬆休息的光源是十分重要的事。

相同的道理也可套用在臥室空間，建議使用黃光燈泡，並降低燈光的明亮度。

另外，**我建議在床鋪旁設置可以調節明亮度的檯燈。考量夜間上廁所的需求，睡覺時不妨改用間接照明，或是踢腳燈等微亮的照明設備。**

至於廚房、盥洗室等重視機能的空間，就要保有足夠的明亮度。此外，盥洗室或廁所經常設置於北側，考量到冬季時心理的溫暖感受，在牆面與天花板設置照明設備也是一個不錯的主意喔！

將家具繪製在平面圖，未來的生活景象清晰可見

客廳的基本配置圖

★L型配置

沙發沿著牆壁轉角擺放，轉角處則擺放茶几。一邊為長型的三人座沙發，另一邊則可放置一張或兩張單人座沙發。

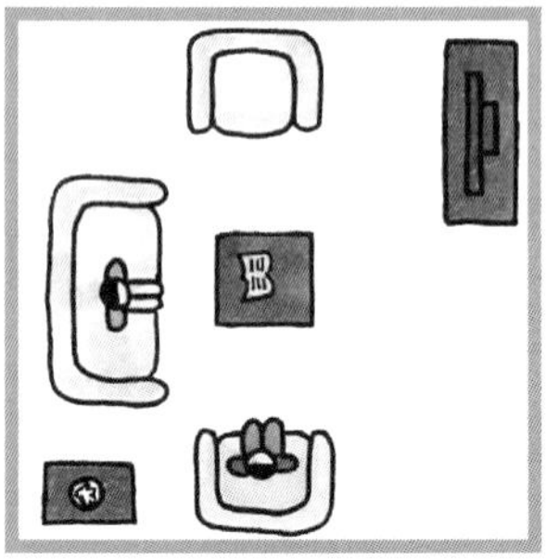

★U型配置

沙發的擺放位置猶如U字型，將茶几放置在三張沙發之間。可坐成一排，也可分別坐在單人座沙發上面對面聊天。

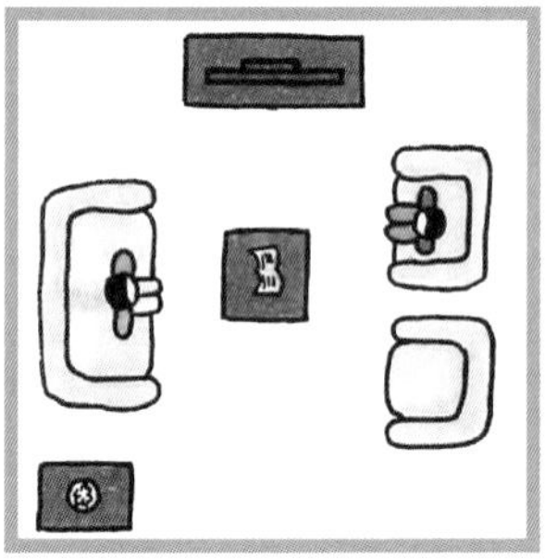

★面對面型配置

在三人座沙發的對面擺放兩張單人座沙發，中間擺放茶几，這樣的配置法可充分利用整體空間，適合訪客較多的家庭。

家具占比控制在30%以內，就能營造出沉穩的空間

房間的視覺大小和交談的感受，會因為家具配置或尺寸的大小而有所改變。

想要營造舒適的居家空間，不妨試著將家具繪製在平面圖上，採用與圖面相同的比例尺，**將家具畫在紙上，再試著自由組合，隨意更換家具擺設位置。**

考量家具擺設時，有幾個必須注意的事項：

- 放入最低限度的必要家具，其他空間盡可能地留白
- 不要在出入口周邊放置家具
- 大型家具靠牆邊配置，接著再視生

各式家具尺寸一覽

✱主要家具的尺寸

下列介紹各項家具的主要尺寸，可做為選擇家具時的參考基準。挑選家具時，要留意視覺陷阱，因為家具賣場面積寬敞，家具尺寸看起來小巧適宜，但實際擺入客廳後，會發現比想像中更占空間喔！

※尺寸單位：mm

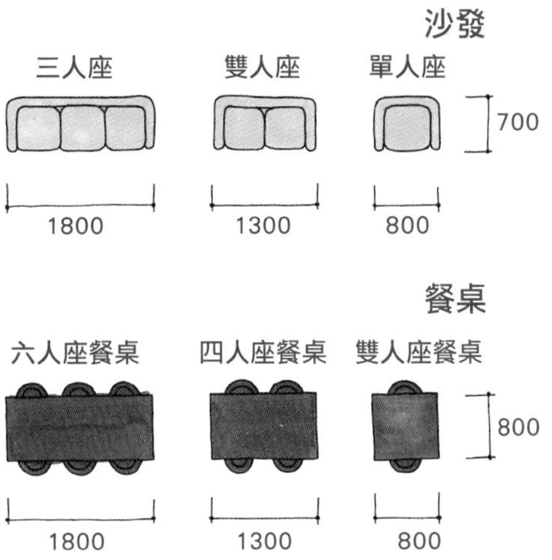

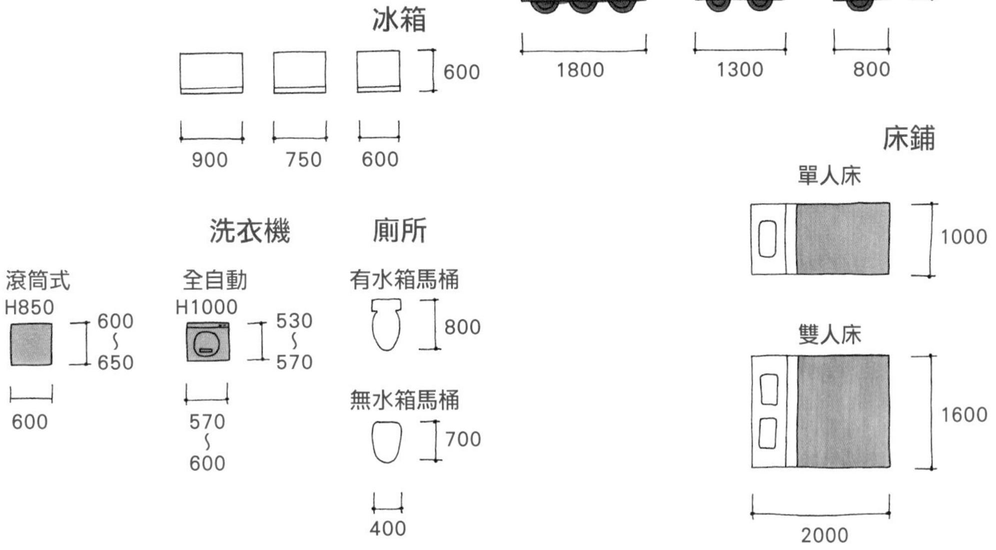

● 活步調或空間平衡配置小家具

除了整體的家具高度，也要考慮視線的高度

此外，窗戶位置、光線進入室內的角度、牆壁與出入口的位置關係、家具之間人可以通過的有效寬度等，這些都是需要確認的事項。

至於家具的佔比，以不要超過房間面積的30％為基準，因為家具的空間占比超過30％時，**留白空間變少，會產生被家具圍住、空間狹窄受到拘束的感覺**。

如果家具實際佔比不高，房間內的氛圍卻還是紛亂無章，有可能是因為空間內擠進太多元素，例如顏色、圖案，或是素材感強烈的物品，才會讓人覺得眼花撩亂。

這時不妨簡潔地歸納主要元素，讓整體空間呈現統一感，房間也會看起來更加寬敞喔！

以「反射率」選擇裝潢材料，輕鬆營造沉穩的空間感

與膚色反射率相近材料，有助於緩和緊張情緒

我想有多人一進入和室就會感到心情平靜吧！

這與「反射率」有很大的關聯。為什麼進入和室後，心情就能夠平靜下來？

這是因為和室內的柱子、榻榻米、土牆、天花板等材料都低於膚色的反射率。身處於與膚色反射率接近的環境之中，少了不協調的感覺，就能讓人備感舒適安心。

舉例而言，去美容院打理造型回家後，是不是覺得很疲勞？或許是因為有點緊張，又一直坐在椅子上的關係吧！不過請試著回想美容院的內部裝潢，大部分美容院為了營造出時尚

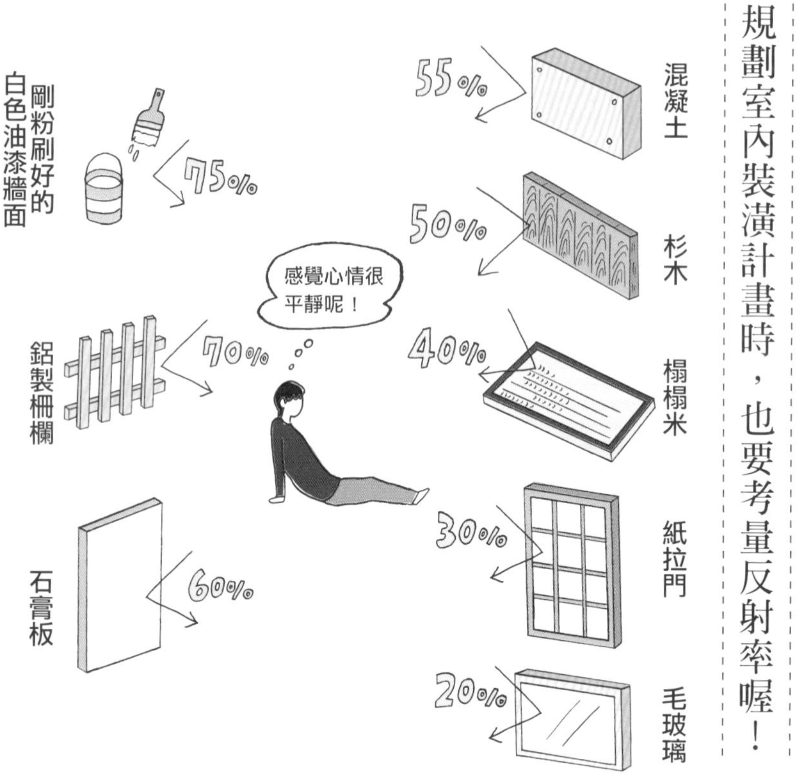

規劃室內裝潢計畫時，也要考量反射率喔！

★反射率50%以下，會讓人感覺沉穩

我們的平均膚色反射率約為50%。和室空間讓人感覺沉穩安和，也是因為和室內所採用的材料，反射率多半在50%以下的緣故。

選擇裝潢材料的參考基準

✱天花板的明度略高於牆壁

	反射率
白色油漆	75%
白灰泥	60～70%
和紙壁紙	60%
塑膠壁紙	60%
杉木	50%

天花板的明度高於牆壁，可讓天花板看起來更顯高度。搭配房間的性質與用途，選擇適合的裝潢材料吧！

✱以牆壁的反射率為基準

	反射率
白色油漆	75%
白灰泥	60～70%
高明度的和紙壁紙	60%
高明度的塑膠壁紙	60%
杉木（腰牆）	50%
和風砂壁（淺）	20～40%
和風砂壁（深）	10～20%
深色木板	10～20%

緊張 ↑ 基準 ↓ 重厚

以印入眼簾最大面積的牆壁為基準，決定裝潢材料的反射率。

✱地板的明度略暗於牆壁

	反射率
淺色木質地板	40～50%
榻榻米	40%
深色木質地板	10～20%

地板與牆壁的對比度明顯時，呈現出鮮明的空間感；相反的，兩者的對比度偏低時，則可營造出舒適愜意的氛圍感。

都會感，會採用拋光過的自然石材或是人工大理石、玻璃、不鏽鋼等裝潢材料。這些材料的反射率相當高，約達70%～80%。

換句話說，使用反射率高的材料，雖然可以呈現俐落都會感，但是無法讓人感到輕鬆。**高反射率的裝潢材料可運用在店鋪裝潢上，如果住宅採用部分高反射率的裝潢材料，就必須在別處使用低反射率的材料以取得平衡。**

例如，有一面反射率75%的白色漆面牆，就會成為讓人略感緊張難以放鬆的空間，這時只要在房間內放置反射率50%的杉木桌，就多少能緩和緊張的情緒。

一般而言，內部裝潢材料是依個人嗜好、喜好或美感來挑選，但從別的觀點重新檢視，也不失為是一種方法。因此在選擇裝潢材料時，不妨也考量材料的反射率吧！

裝潢的重點不是家具，而是整體的「色彩搭配」

顏色搭配的基礎方法

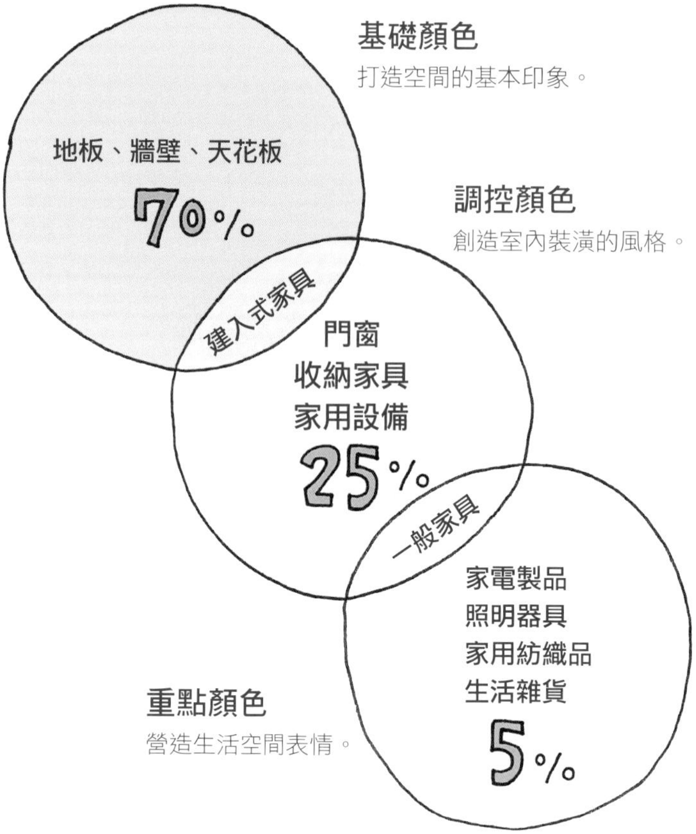

★自然素材為中心

以自然素材為中心，決定所搭配的顏色。如果室內裝潢採用自然素材，請以自然素材為中心，決定所搭配的顏色。這是因為自然素材的顏色無法以人工調製，因此能夠選擇的顏色有限。

依據三大面積比例，決定各自使用的顏色

談到室內裝潢，大多數人總會聯想到家具或裝飾品吧！但其實室內裝潢最重要的是空間的「色彩計畫」。

色彩計畫的第一步從決定裝潢風格開始，自然、摩登、休閒、優雅、時尚、經典等，以自己喜歡的風格為主軸擬定色彩計畫。

一般來說，**大面積的地板、牆壁、天花板是「基礎顏色」，門窗或大容量收納家具是「調控顏色」，而襯托這些顏色的零件材料或小物就稱為「重點顏色」，依此方式規劃空間色彩。**

顏色面積的分配比例是基礎顏色70％、調控顏色25％、重點顏色5

擬定色彩計畫的流程圖

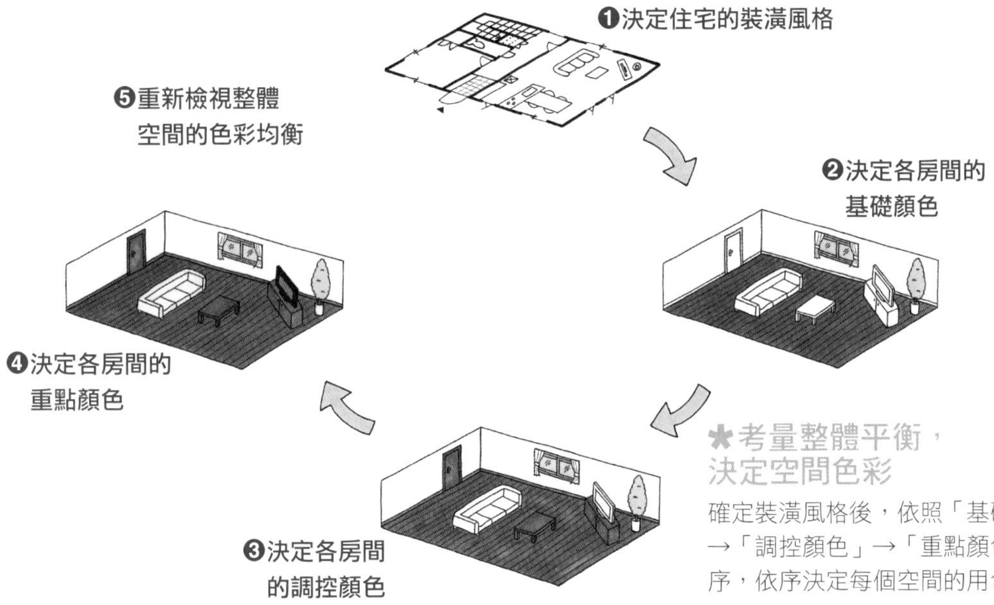
❶決定住宅的裝潢風格
❷決定各房間的基礎顏色
❸決定各房間的調控顏色
❹決定各房間的重點顏色
❺重新檢視整體空間的色彩均衡

★考量整體平衡，決定空間色彩

確定裝潢風格後，依照「基礎顏色」→「調控顏色」→「重點顏色」的順序，依序決定每個空間的用色。

色彩對於生理及心理層面的影響

色彩與停留時間	紅橘色等暖色系房間…感覺時間比實際停留時間長 藍綠色等冷色系房間…感覺時間比實際停留時間短
色彩與重量	淺色房間…感覺明亮輕盈。 深色房間…沉重感是淺色房間的兩倍。
色彩與肌肉反應	米白或淡褐色房間…放鬆緊繃的肌肉，安穩舒暢。 暖色系房間…感覺緊張、興奮。
色彩與效率	暖色系房間…適合運動。 冷色系房間…適合讀書。

%。米色或淡褐色等類似肌膚的裸色系，屬於柔和的顏色，建議可運用於基礎顏色，不妨再加上白色做為輔助色，將自己喜歡的顏色或可以感受季節的顏色做為重點顏色吧！

以各種房間的角度來看，客廳或臥室等舒適的區域要避免顏色強烈或憂鬱感濃厚的色系，請使用沉穩且溫和的色調（例如：大地色或彩度較低的顏色）。

餐廳的重點在於營造歡樂用餐的明亮氛圍，不妨以能引發食慾的暖色系為主，旁邊的廚房則配合餐廳的色調，創造潔淨明亮的視覺感受。至於梳洗室、浴室、廁所等衛浴區域，則採用具清潔或清爽感的顏色。

整體色彩計畫的基礎，必須考量對人的心理層面或生理層面的影響，依照用途靈活運用色彩，並保持空間色彩的統一性。依據這個原則，就能夠勾勒出讓心情平和的色彩計畫囉！

善用零碎空間，爲枯燥生活帶來養分

小巧思，提升空間質感

★在廚房旁擺放多功能桌

多功能桌與餐桌的性質不同，擺放於廚房旁，任何人都能使用，兼顧功能與方便性。

★活用走廊空間，設置書房

加大走廊寬度，活用走廊空間設置書房，或許也有不錯的效果喔！

改善空間不足的缺點，善用角落打造私人空間

男性與女性對住宅的要求不同。一般而言，女性將廚房視為自己的堡壘，對於親朋好友相聚的餐廳或客廳的關注度較高，而男性則是在意是否有書房或車庫，原因是女性希望擁有可與朋友聚餐、喧囂熱鬧的空間，而男性需要靜下來慢慢思考問題，所以想要擁有可以獨自思考的書房。

不過，近年來男性對於住宅的意識正逐漸產生變化，對他們而言，家不再只是回去睡覺的地方，也漸漸開始想珍惜與家人相處的時間。

接著問題就來了！哪裡才是屬於男性的空間呢？對女性而言，家中所有的地方都是屬於她的空間，而小孩

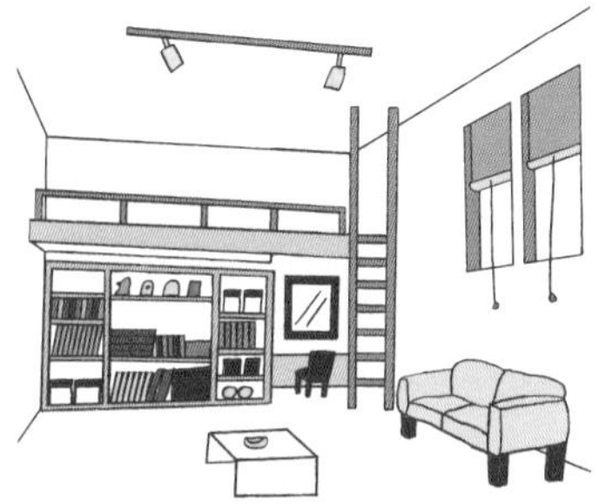

★在工作室設置休息區

工作室採挑高設計，可設置夾層空間做為打盹休憩區。

★活用空間死角

與鄰地交界處的死角空間，將其規劃為迷你庭院，並設置庭院燈光。

★打造迷你書房

將房間一隅以竹簾隔開，打造小巧迷你的一坪書房。

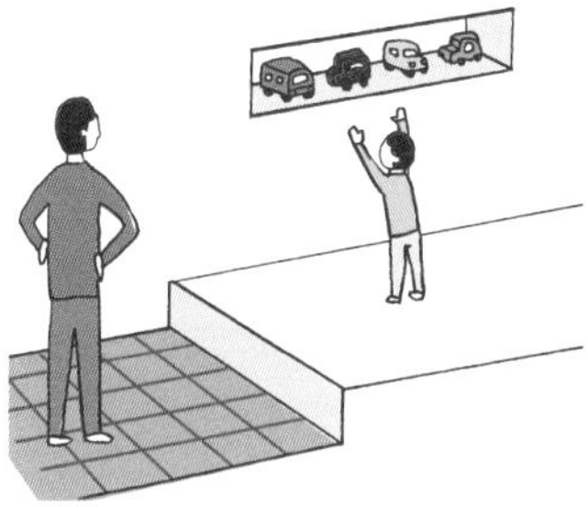

★打造迷你博物館

利用牆壁的厚度，設置展示架陳列迷你模型或擺飾品。

★在車庫設置工作區

有寬敞的車庫空間，並將部分空間做為工作區使用。

★活用閣樓空間

只要妥善規劃夏季隔熱對策，閣樓也可以變身書房。

也有小孩房，相較之下，在家中很少有地方，能讓男主人主張：「這裡是屬於我的空間！」所以他們才會希望擁有書房，做為自己的藏身之所，然而整體空間不足時，實在很難挪出空間規劃書房吧！

如果沒有足夠的空間可以設置書房，以書桌為中心的「角落式書房」也是不錯的方法。在起居室或臥室一角，保留一坪左右的空間做為書房，或是走廊寬度足夠，也可以放張書桌作為書房區。

如果男主人堅持要有完整的書房空間，可以靈活運用樓梯下方的空間或閣樓空間，這樣的書房帶有祕密基地的感覺，也可以展現個人風格。

住宅中，具有附加價值的空間不僅可以規劃成書房，也可以靈活運用做為家人從事各項興趣或休息的空間，為枯燥生活帶來滋潤的養分。

客廳、餐廳、廚房三大空間，是三層樓建築的配置重點

設計三層樓的建築物，必須從上下樓的動線著手

建造三層樓建築的理由是為了有效利用土地，尤其是都市地區的空間狹小，三層樓建築比二層樓建築多了一層樓，多少也增加了一些空間。但是三層樓建築會使上下樓梯變成苦差事，萬一格局規畫失敗，別說是辛苦了，就連日常生活也會變得麻煩。

三層樓建築的格局重點在於客廳、餐廳、廚房三者要配置在哪個樓層。通常客廳、餐廳、廚房會規畫在二樓，浴室、更衣室、廁所、儲藏室則規畫在一樓，而臥室、梳洗室、廁所等空間配置在三樓。

然而，按照土地條件的不同，樓層配置方式也會有所改變。如果土地

客廳、餐廳、廚房的配置是核心

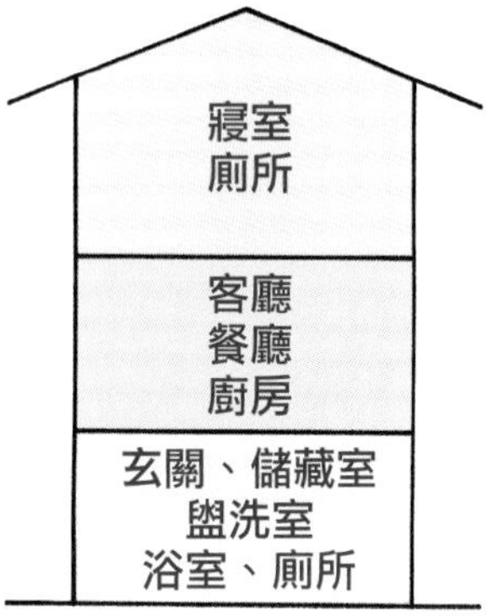

★規劃在二樓

生活動線以二樓為中心，可說是具機能性的配置方式。需用心規劃，以確保二樓的採光良好。

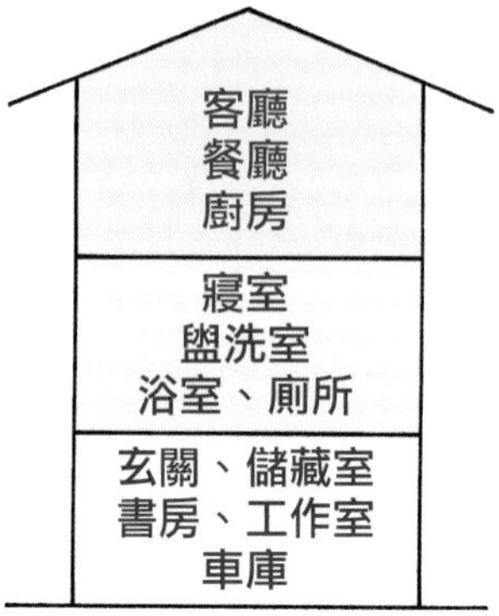

★規劃在三樓

將主要活動空間設置在三樓，就動線而言會稍微辛苦些，但是採光條件最好。

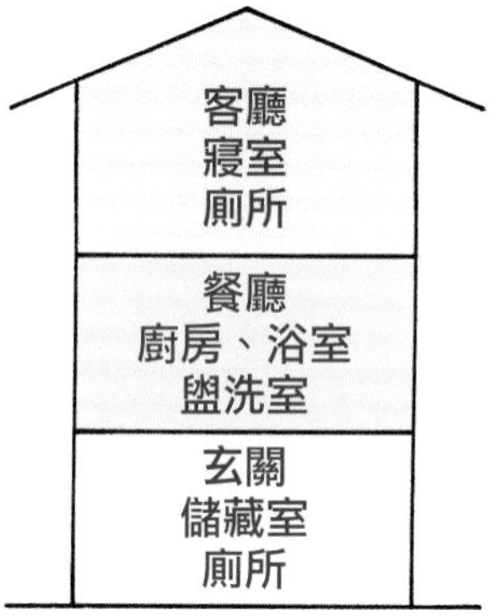

★規劃在不同樓層

假使經過計算且不影響房屋結構的情況下，可藉由挑高設計連結客廳與餐廳空間。

三層樓建築的實例說明

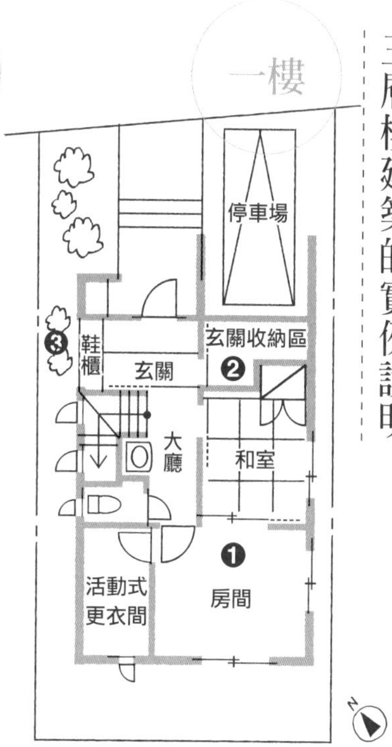

❶ 可搭配實際需求，連接和室與房間的空間。將盥洗室及廁所設置於一樓。

❷ 為了儘量減少上下樓的次數，將大部分的收納空間規劃在一樓。

❸ 於鞋櫃下方設置低窗，讓空間呈現明亮及開闊感。

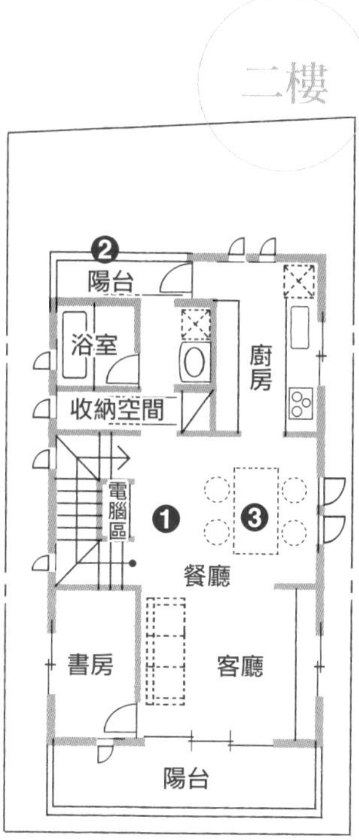

❶ 將主要生活空間規劃在二樓。除了LDK之外，書房也位於二樓。

❷ 從廚房及梳洗室移動至陽台的動線，無論是曬衣服或倒垃圾都相當方便。

❸ 餐廳的天花板高挑且為傾斜面，故採天窗設計。

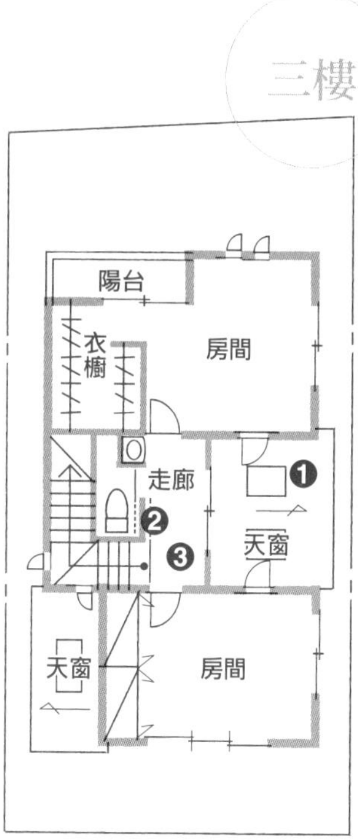

❶ 由於中央部分為屋頂，因此南側的光線也能照射到北側房間。

❷ 考量到二樓冷暖氣空調效率，故於一樓玄關處及三樓樓梯處設置拉門。

❸ 加大三樓的走廊空間，可做為雨天的曬衣空間。

狹小，一樓採光條件不佳時，就無法將客廳規劃在一樓，面對這樣的情況時，將衛浴空間或是儲藏室規劃在一樓會是比較好的設計。另外，由於房間是面積較小的空間，牆壁數量也比較多，可以提高建築物的耐震性，強化整體結構。

如果臥室設置於三樓，衛浴區卻設置在一樓，會因為生活動線太長而產生不便，這時不妨將衛浴區設置在二樓。**至於三樓因為是採光及通風都相對良好的空間，將客廳、餐廳、廚房設置在三樓，利用屋頂形狀做為天花板，也能打造寬敞的空間效果。**但不論空間如何配置，主要問題還是在於上下樓梯的不便，因此如果預算許可，不妨考慮安裝室內電梯。

三層樓建築與二層樓建築的差別在於獨立性高，因此家人間有可能出現減少碰面的情況，為了聯絡彼此的感情，不妨透過樓梯的特殊設計或是小型挑高，讓家人感覺彼此的存在。

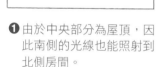

住宅格局的重要觀點 ● 三代同堂的住宅

保有「恰到好處的距離」是打造三代同堂住宅的關鍵

理解三代同堂的優缺點，在溝通與隱私間取得平衡

與父母同住的折衷家庭，從生活層面和經濟層面來看，優點是有困難時可以互相幫忙，並且能有效利用土地；缺點則是兩代之間存在價值觀與生活型態的差異，而這也是現代人對此敬而遠之的原因。

建造三代同堂住宅的重點是確實理解上述這些優缺點，並在制定家庭規範的同時，思考如何透過格局，在家人溝通與隱私間取得平衡。

一般而言，考量生活型態的差異，應確實區分樓上與樓下的生活場域。若是比較重視互動的家庭，不妨在建築物中央區設置中庭，將二樓的部份空間規劃成陽台，利用孩子的喧

三代同堂的基本型態

★上下鄰接型

明確區分樓上與樓下空間，各自擁有獨立玄關，適合想要兼顧隱私的人。

★複合型

三代共用一個玄關，家中設有共享的公共區域，增加親子間的接觸機會。

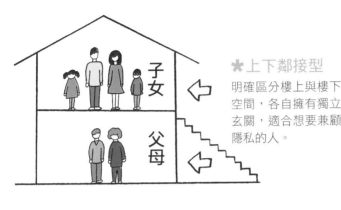

共用區域的規劃方式

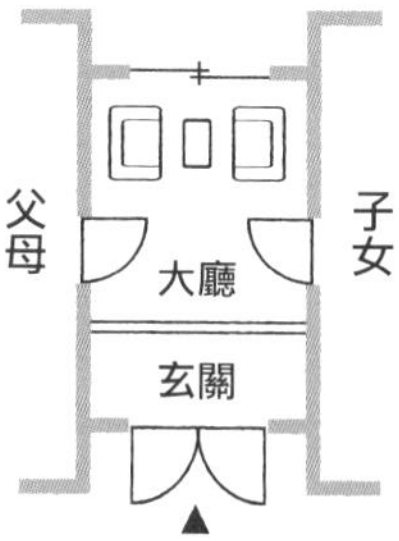

★共用玄關廳

雖然有共用空間，但家人之間在此接觸的時間並不長。

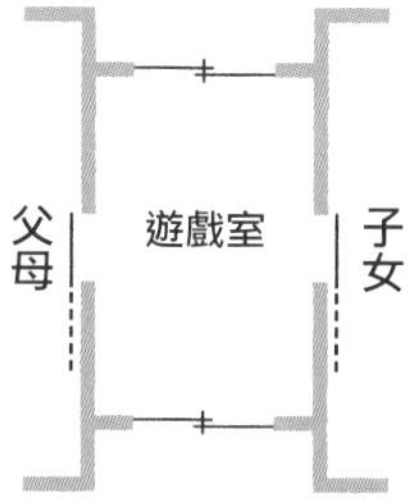

★有共用區域

設置與孫子玩樂的空間，同時也是親子共用的空間。

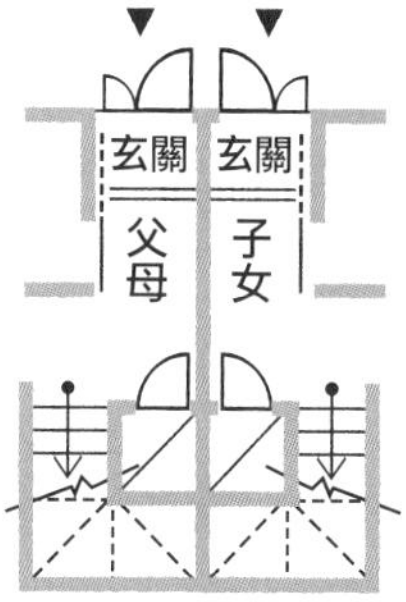

★無共用區域

也就是所謂的共同住宅型。具獨立空間，將來可租賃。

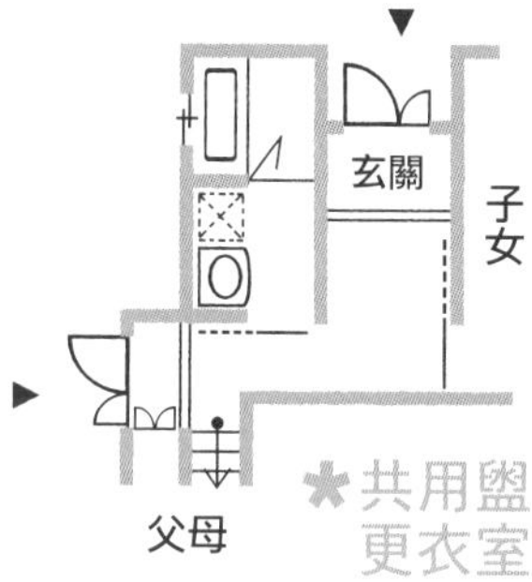

★共用盥洗室、更衣室及浴室

雖然可降低建造成本，不過考量到家中人數多寡與生活習慣不同等因素，有時並不適合共用。

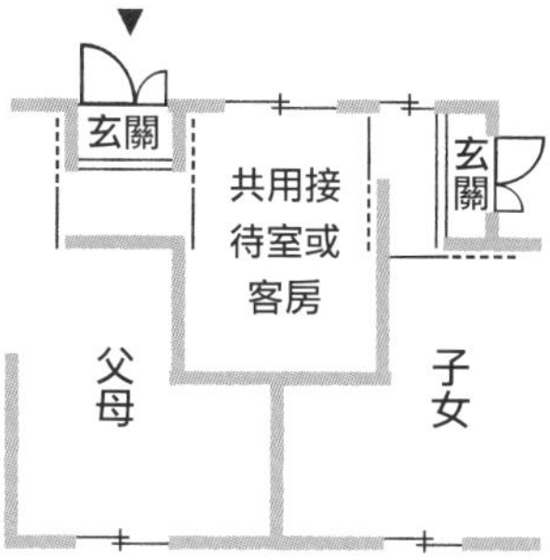

★共用接待室或客房

共用接待室或客房等功能性的空間，增加彼此交流機會。

鬧聲連結樓上與樓下。

如果廚房緊鄰，也可以設置一道孩子可以通過的門，方便拿取長輩做太多的料理或是客人送的糕餅、點心。透過這些方式，讓彼此保有恰到好處的距離。

這些中庭或門窗不需要太大的面積，利用小巧的門窗確保各自的獨立性，就能產生沒有壓力的距離感。

不同於一般個人住宅，親子同住型態的安定時期，出乎意料之外的短暫，這是建造三代同堂住宅時必須思考的重點。由於父母親年事已高，而孩子也持續成長，家庭結構勢必會產生很大的變化。

換言之，三代同堂的住宅必須因應日後家庭型態的變化，規劃出容易裝修改造的格局設計。尤其是給排水或電氣配線、水電瓦斯表等設施，必須個別預留管線空間，這些都是要事先規畫的細節喔！

打造毛小孩也零壓力的舒適居家空間

五個設計觀點，創造人類、寵物都舒適的空間

想與寵物共度舒適的生活，就要有周詳縝密的設計規劃。不妨參考下列五點：

❶讓寵物也擁有自己的空間

寵物跟人一樣，也需要有自己的空間，才能過著精神安穩的生活。此外，也為寵物設置一個情緒不安定或感到恐懼時可以躲藏的地方吧！

❷為寵物規劃安心放鬆的空間

人類與寵物的空間規模不同，狗與貓的特性也不一樣。有時四周被圍繞的場所，或是空間狹小的場所，更能讓寵物感到安心與放鬆。

爲毛小孩打造舒適空間

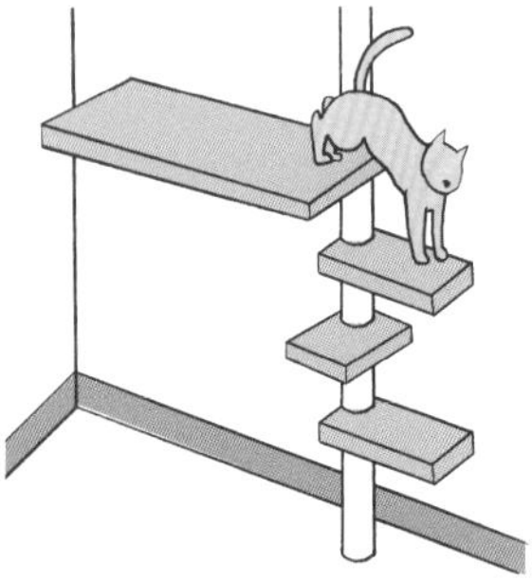

★確保活動空間

寵物跟人一樣，也會累積壓力，為了避免寵物累積壓力，建造新居時，也要幫寵物規劃舒適的專用空間喔！

★創造安心居所

與主人在一起時，寵物會感到安心。為狗狗準備適當的小窩，牠的情緒也會比較穩定。

★採用合適的地板材料

貓狗走路時足部肉墊會接觸地板，如果地面過於光滑，可能會影響寵物的足部健康，請務必留意。

★考量通風採光

寵物與人相同，喜歡舒服的環境。室內外的溫度差不要超過3度，也要考量到通風與採光條件。

寵愛寶貝的各種貼心設計

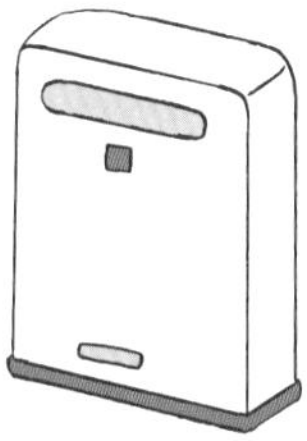

★安裝空氣清淨機或換氣風扇

將空氣中的異味分解，達到除臭效果。此外，熱交換型換氣風扇在運轉時，也不會影響室內的冷暖氣效率。

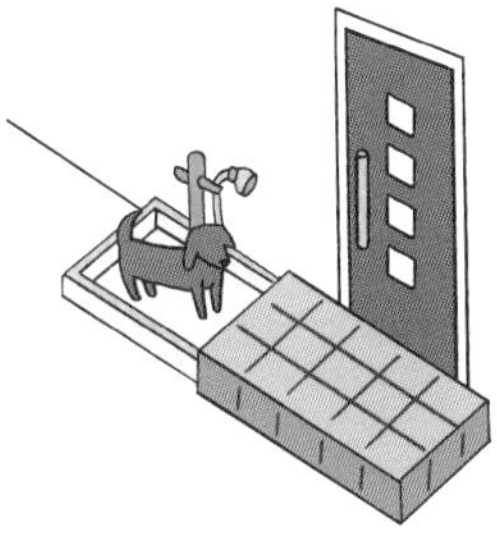

★安裝洗腳用水槽

於玄關處設置水槽，方便寵物散步返家後洗腳清理。

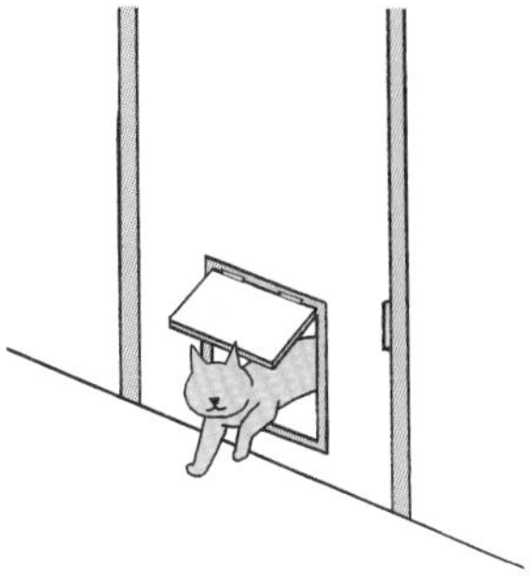

★設置寵物專用出入口

規劃貓、狗能自由進出屋內的專用出入口，又不會影響室內的冷暖氣效率，一舉兩得。

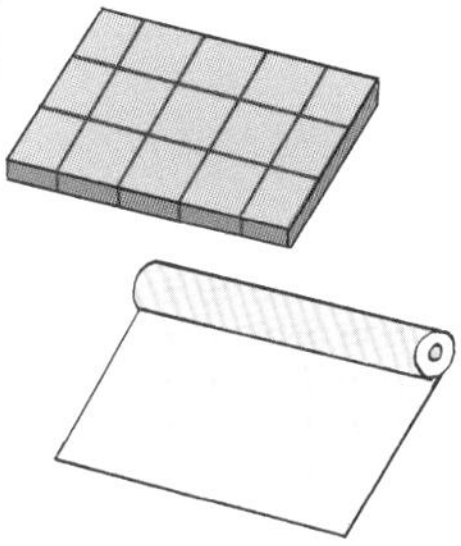

★選用有除臭功能的壁紙或磁磚

寵物身上多少會有點異味。最好選用具有除臭、抗菌、防霉功能的壁紙或磁磚。

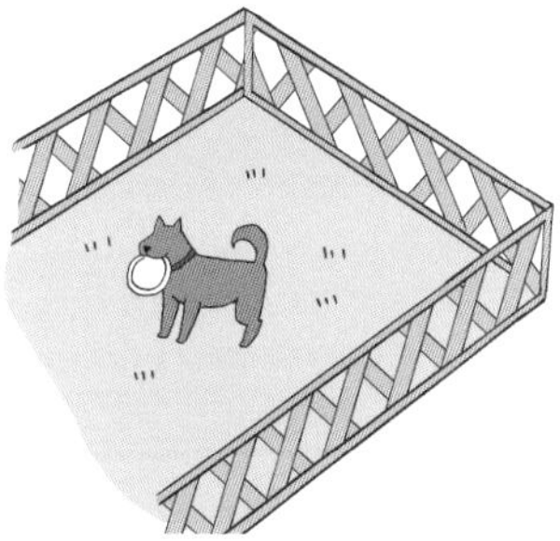

★規劃寵物遊戲區

位於都市地區的住宅，很難擁有寬敞的庭院空間，不妨為寵物規劃一處可活動遊玩的空間。

❸將寵物的窩設置在家人聚集的區域

對寵物而言，與家人相聚時是最幸福的時光。如果你的寵物是狗，則可設置貼磁磚的區域以做為客廳的延伸。不只可放置家中狗狗的小窩，也可當作雨天的室內晾衣空間。

❹留意通風及採光設計

一到炎炎夏日或是溫差大的季節，寵物的味道就不容易散去。如果介意寵物的氣味，不妨事先設置換氣風扇或空氣清淨機。

❺選擇可以保持環境清潔的裝潢材料

選擇耐髒或耐抓咬的建材，同時搭配容易打掃或維護的裝潢吧！其實人感覺舒適的空間，也是寵物的舒適空間。

你希望與寵物建立怎樣的關係，過著怎樣的生活呢？不妨開始思考，並從以上五點做起。

column

4

透過住宅展現自我精神

以下案例是與眾多委託人討論的過程當中，讓我印象深刻的案例，這次分享的是委託人將有回憶的大樹擺放於玄關的故事。

在玄關豎立百年杉木，將人生精神傳承給下一代

走進玄關，映入眼簾的除了樓梯以及與樓梯平行的挑高設計外，還有一根直徑50公分、高8公尺、樹齡1百年的杉木。

雖然樹根固定在地基上，但除此之外，這根原木完全沒有其他支撐的結構，獨自豎立在屋內，也就是說這棵杉樹原木和房屋的結構耐力沒有任何關聯，只是一種「裝飾」。

為什麼要在屋內放置杉樹原木呢？這就要談到委託人成長的過程了。他出生於東北地方的鄉下，聽說小時候曾跑遍後山，經歷無數好玩及危險的事。

他從那些體驗當中，培養出生存不可缺少的「勇氣」，使往後的人生變得豐富而多彩。換句話說，當年在後山遊玩的體驗對委託人來說就是人生的原點，也是自我存在的象徵。

因為委託人希望能將那座後山的杉木裝飾於新居，所以我採用挑高設計，將這棵巨大的原木筆直地豎立於屋內。

建造住宅，其實也是表現「居住者精神」的一種方式。當然表現手法各有不同，但這位委託人希望透過故鄉的樹木，將這份精神傳達給孩子。

或許小孩剛開始無法理解，但總有一天能體會父親的生存之道以及關愛孩子的想法吧！

這位委託人將存在於心中最原始風景，也就是故鄉那座後山，透過住宅的方式傳承給下一代。

附錄 向日式建築學「細膩」，建立更有溫度的幸福家

本章將收錄日式建築獨有概念，
為什麼日式建築總是細膩又周到？
讓日本首席建築師來一一告訴你！

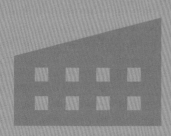

向日式建築學細膩 ● 透過「稱呼」與「儀式」調整心態

擺脫「出錢是老大」的態度，調整心態才能蓋出好房子

抱持「委託人」的心態，與工作人員攜手建設家園

對於建造住宅的人，我們有許多稱呼方式，例如：「建案業主」、「起造人」、「委託人」、「客戶」等。這些當然都是正確的稱呼，不過因為文字具有無形的力量，不同的稱呼也會給人完全不同的印象。

舉例而言，「建案業主」、「起造人」這類型的稱呼給人的印象是「這是我出錢蓋的房子！」、「我是這間房子的主人，在這裡我最大！」當然，起造人就是出錢蓋房子的人，但這種高高在上的姿態，可能會讓現場的工作夥伴們提不起勁來。

相反地，「委託人」這樣的稱呼就比較柔和，有與施工人員攜手建造

日本建造住宅前的各種儀式

✱感謝土地神的「地鎮祭」

動工之前先祭拜土地神，祈求建造工程平安順利，這是日本神道教的傳統儀式。通常會請神道教的神職人員進行儀式。

✱感謝施工人員的「上棟式」

完成地基及住宅的骨架後，會舉行上棟式。這雖然也是感謝神明的儀式之一，但實際上也帶有感謝木匠師傅及工頭等施工人員的心意。

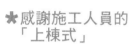

「起造人」與「委託人」的不同

★起造人的心態是「出錢的是老大」

起造人這個名詞聽起來的感覺就像在主張：「這裡是我的權力範圍。」此外，日文「建立」（立てる）這個動詞，還可以組成包括「生氣」（腹を立てる）或是「刁難」（目くじらを立てる）意思。

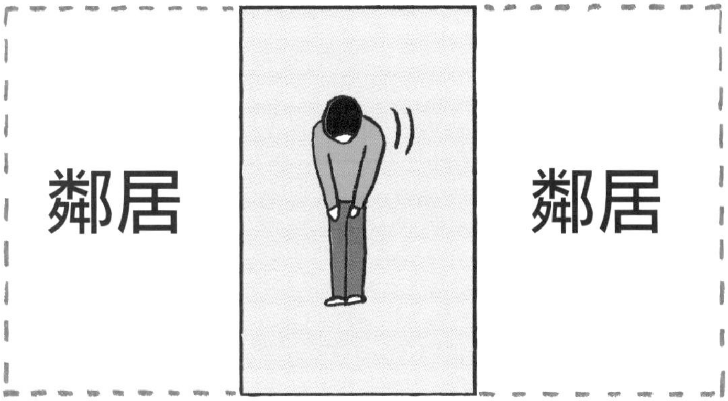

★身為委託人最重要的是「施予的心」

聽到施予這個詞彙，就會聯想到「施予慈悲」或「施予恩惠」等，略帶有顧慮對方的含意。表示顧慮鄰居的感受，傳達出請鄰居「多加關照」的心意。

住宅的感覺。以謙卑的心態感動他人，蓋房子的同時也建立起彼此的信任關係，這就是「委託人」一詞給予人的印象。

日文漢字「住」與「巣」的發音相同（SU），而「巣」字本身就有居住的意涵。古人從動物巢穴中看見生命的根源，因此詞彙中帶有「SU」的字似乎也別具含意。

像是直到今日，幾乎所有的神社前面都會種植杉木，杉木的日語發音就是「SUGI」。建造房屋前所舉行的「地鎮祭」或是「上棟式」，也都是由此演變而來。

雖然家不是廟宇那般神聖的地方，但是也絕非吵架或互相謾罵的場所。**住宅必須是清爽明亮的空間，而建造住宅就是建造讓家人心靈相通的橋樑**。此外，也必須顧慮左鄰右舍的環境，將「委託人」心中那顆關懷的種子，透過住宅散播出去。

78

向日式建築學細膩 ● **實際進行場地勘查**

想了解土地先天條件，實際走訪踏查很重要

購入土地前六大重點須知

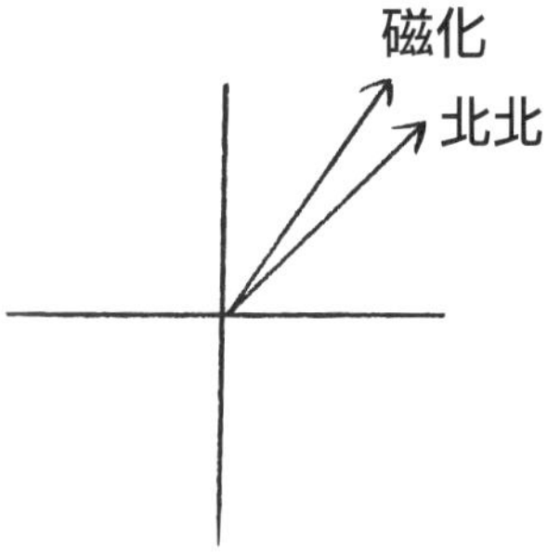

1 「磁北」還是「正北」？

磁北（指南針所指的北方）與正北（北極點的方向）有若干的角度差異。所以在購入土地時，務必先確定正北方向。

2 臨路寬度的規定是多少？

日本現在規定道路寬度必須達4.0m，然而從前的巷弄寬度多半為3.6m，若依據現在的法規，土地須離道路中心線2m，因此必須向後退縮20cm。

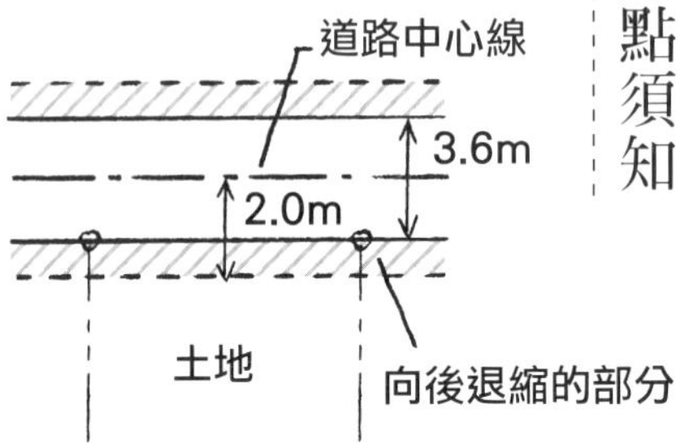

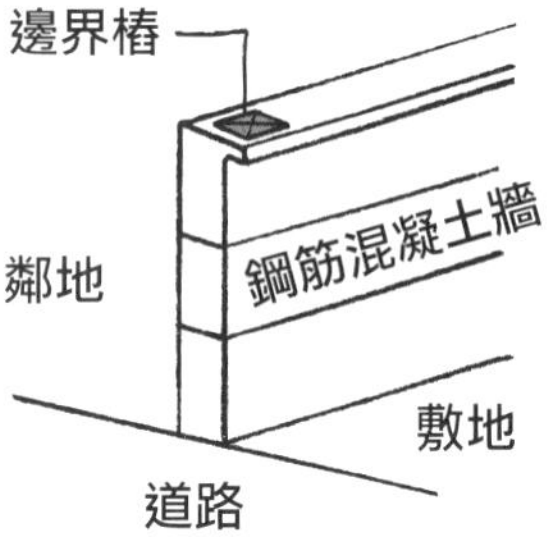

3 與鄰居的邊界位於何處？

購買附舊有建築物的土地時，偶爾會碰到邊界樁是打在鋼筋混凝土牆上的情形。因此，要清楚確認與鄰居的邊界樁喔！

除了確認周邊環境外，也要留意「建築法規」

無論是改建舊宅，還是購入新土地建造房屋，最重要的都是喜歡那塊土地。

尋找新的土地時，要調查交通便利性、生活便利性、周邊區域的發展性、教育環境、行政服務等項目。

此外，每個地區對於建築物的用途或規模等都有相關規定，按照該地區的區分規定建蔽率或容積率，請記住這些相關規定吧！

「建蔽率」是指相對於土地面積，建築面積的比率；「容積率」是指相對於土地面積，地板面積的比率，再依據這些規定決定建築物的地板面積。

實際居住後才發現的4大常見失敗例

白天與夜晚的噪音差異

入住之前，總是星期日中午到現場勘查，原本以為是安靜的住宅區，沒想到平日夜間有很多車輛經過門前道路，車子來往的噪音很吵。

與鄰近建築的位置關係

臥室窗戶剛好對上鄰居家的換氣風扇。一打開窗戶，臥室就有異味，根本無法開窗。

夏天與冬天的日照差異

屬於西側採光良好的土地，所以在西側設置大面積的窗戶，冬季陽光和煦溫暖，但是夏季西曬時，十分酷熱難耐。

邊界樁的位置不清不楚

購買土地時，只有一處沒有界樁，心想日後再打界樁即可。沒想到購入土地後，這個界樁卻成為跟鄰居起糾紛的原因。

4 電線杆與垃圾放置場的位置

電線杆附近偶爾會成為放置垃圾的地方。如果門口附近的電線杆是垃圾放置場，請事先確認垃圾量，以及是否會妨礙車輛進出喔！

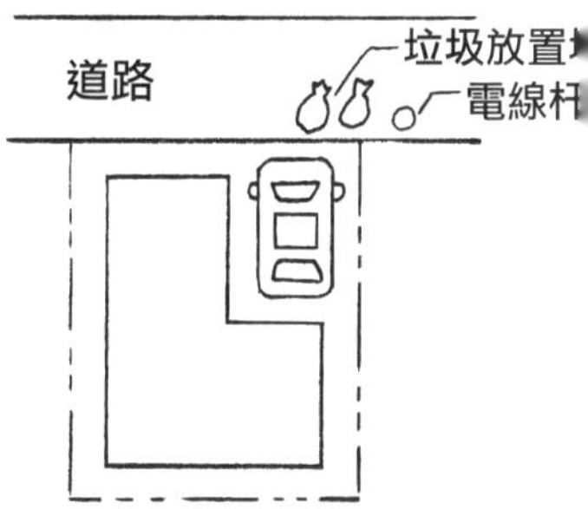

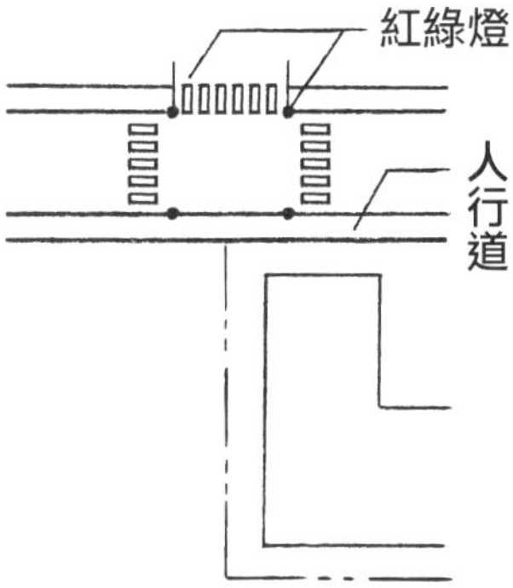

5 日間與夜間周邊環境的差異

白天是很少人經過的安靜巷弄，可是到了晚上，可能成為附近居民回家時的捷徑小路。附近有紅綠燈時，也可能會受到車輛煞車或加速時的噪音干擾。

6 只有一處經常積水

這個積水處有可能從前是水井，之後才覆土填滿。不妨稍微挖掘，確認土壤的狀態吧！

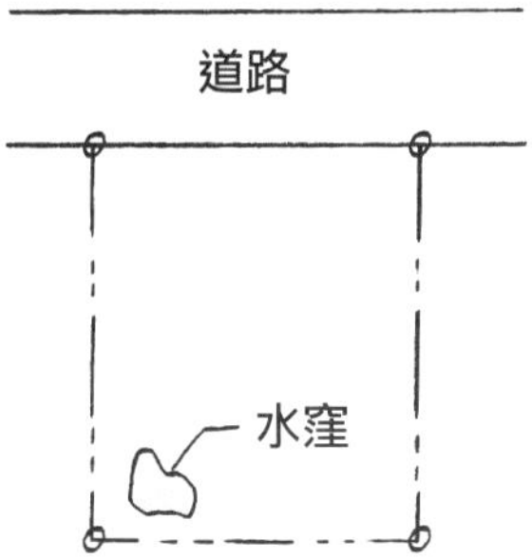

一般人很容易忽略北側斜線的相關規範。為了維持良好的居住環境，日本政府針對住宅用地的北側，制定了「北側斜線規定」。

最嚴格的北側斜線規定是從北側的鄰地邊界線，垂直距離5公尺，坡度為1比0.6的狀況。如此一來，二層樓建築物的屋簷或屋頂就會落在斜線的範圍內，致使建物的北側必須與鄰地邊界線保持相當的距離。

我曾經遇過委託人購入土地後，才發現土地的正北方向與仲介公司的廣告傳單有很大的出入，因此北側斜線的範圍比預想的來得嚴格，如果不空出部分北側的土地，就無法如願建造住宅。結果整個建築物只好往南側靠，大幅度影響原有的建造計畫。

此外，土地也會有高度限制或道路斜線等規範。建議各位在購買土地之前，委請公正第三人的專門機構詳細調查土地的現況及相關規範。

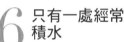

79

向日式建築學細膩● **了解建造工法**

想讓住宅更均衡穩固，必須先了解「建造工法」

從「人體構造」看「均衡建築」

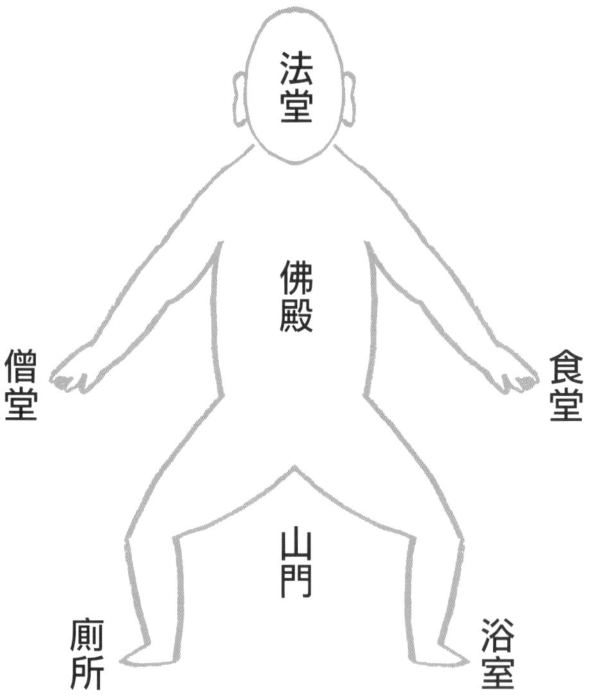

★七堂伽藍人體表相圖

具備七種主要堂宇之寺院，我們稱之為七堂伽藍。七堂伽藍的配置方式乃日本獨有之設計，是依據人體所思考出來的配置計畫。其實不只是寺院，家的形狀或構造也與人體相同。整體配置取得均衡，形狀就會穩固安定。

建造工法會影響格局，事先確認百利無害

大致確定好隔間配置後，也要搭配建築構造一併規劃。在蓋房子時常會因為建築物的結構關係而產生限制，因此在規劃住宅格局時，必須一併思考建築物的結構。一般而言，木造住宅的工法可分為傳統的「樑柱架構式工法」（木造軸組工法）與「框組式工法」（框組壁式工法）。

「樑柱架構式工法」是藉由地基、柱、樑組成建物骨架及承重牆，以承受地震或強風的侵襲。因為以樑柱建造房屋的骨架，可以適應各種土地，空間配置的自由度也很高，不僅能打造出明亮寬敞的空間，增建或改建也比較容易，這些都是樑柱架構式

讓住宅的均衡安定

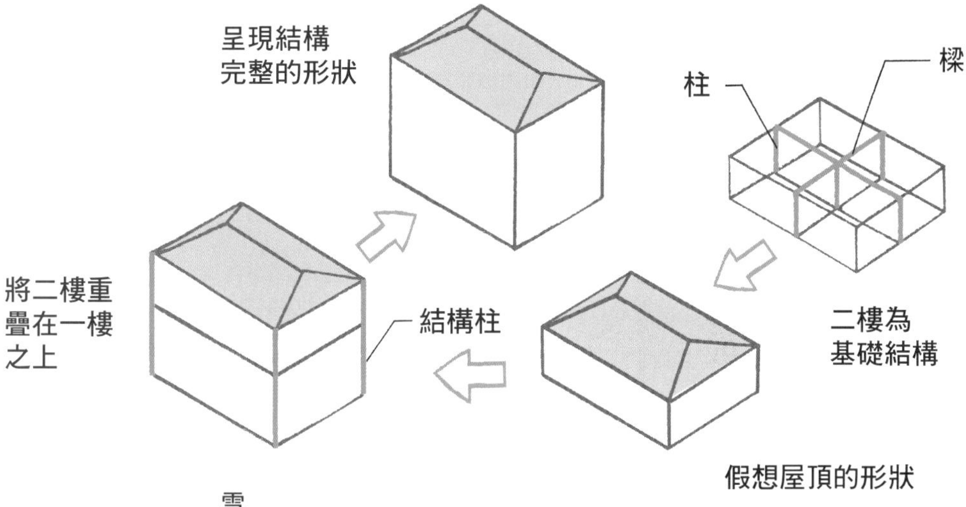

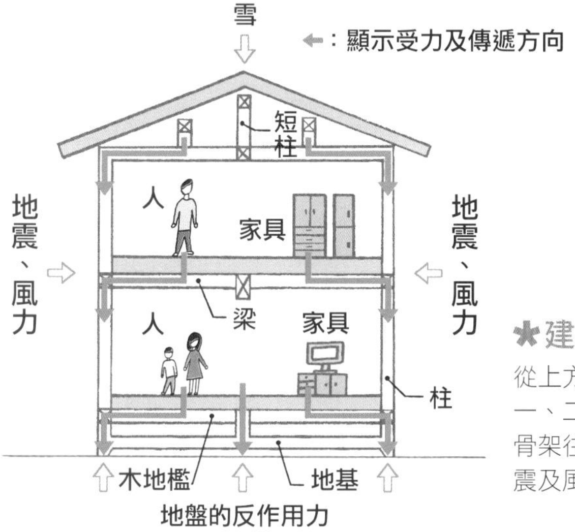

耐震度佳的建物是一樓及二樓皆有主要支撐柱，整體結構形狀完整。

✱建築物承受的各種力量

從上方往下傳遞的施力分別為屋頂、一、二樓牆壁及地板，整體重量通過骨架往下施力。建物側面所承受的地震及風力也同樣的向下施力。

工法的特徵。**而「框組式工法」則是使用剖面為2×4英吋、2×6英吋規格的木材製作框架，再貼上結構合板，所以也稱為「框組壁式工法」。**空間配置的自由度劣於樑柱架構式工法，且不容易改建或增建。

傳統的樑柱架構式工法，雖然容易營造寬敞明亮的空間感，但一樓與二樓的柱子、牆壁的位置錯開，或是結構柱無法有效的連結上下樓層，這些都是容易出現的失誤。因為建築物所承受的力量是「由上往下」的，所以兩層樓以上的建築物，二樓與一樓樑柱必須呈立體格子狀，才能維持安定。為了穩固建築物結構，樑柱的建構方式就顯得非常重要。

此外，也要確認木材的樹種喔！通常所使用的木材可分為「天然原木」和經人工處理的「接拼板」。最近許多屋主選用接拼板是因為接拼板的品質比原木安定，不用擔心木頭有裂縫。其實，只要將原木確實乾燥加工，就不用擔心龜裂的問題了。

80

向日式建築學細膩●連結住宅內外的緩衝空間

以玄關、緣廊連結房屋內外，營造安穩舒適的居家空間

玄關

玄關、土間和緣側各有功能

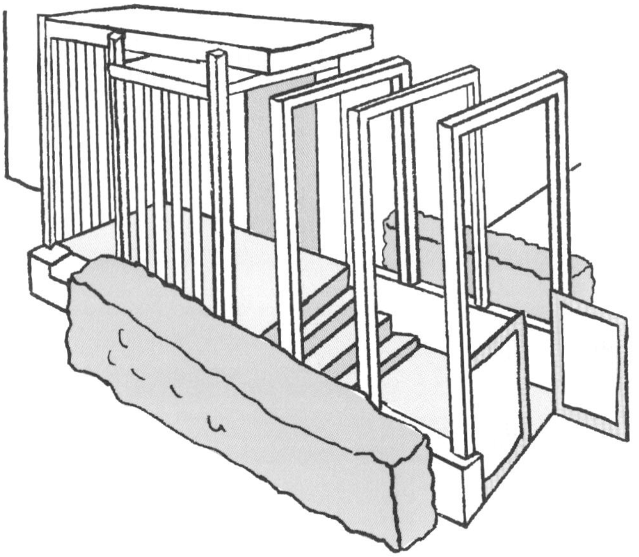

看到玄關，就能讓人有「到家了」的心情。不要只靠著一扇玄關門連結屋內與屋外，而是透過玄關設計，讓心靈層面也有內外之別，產生回家的喜悅感。

玄關不只是出入口，更是一條通往「家」的路

玄關的位置必須在思考過「住宅的臨路狀況」、「與客廳或餐廳之間的連結」、「與臥室、小孩房或書房等公共區域的連結」等動線後，才能決定。

道路到玄關門之間的通道，是讓返家者轉換心情的重要空間。如果因為土地特性，導致沒有足夠空間可以做為通道，不妨將玄關設置入口的轉彎處，如此一來就能瞬間讓住宅呈現景深。

玄關除了發揮本來應有的作用之外，同時也具有轉換心情的功能，它不只是出入口，應該視為「玄關房」，營造出有溫度的空間感，藉由

或許有人認為緣廊是日式舊建築才有的設計，如果將緣廊當作木製陽台或內部露臺呢？可以做為日光室；曬衣場或是蔬菜的暫放處，因應不同用途建造屬於自家的現代緣廊吧！

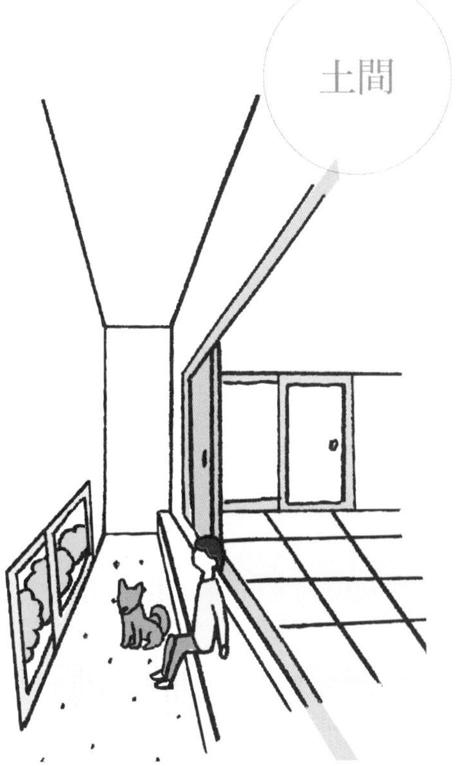

利用日式建築特有的土間，來連結室內與室外空間，就能營造出特有的寂靜空間。玄關與土間也可運用於客人來訪時的接待，或是與鄰居間的交流喔！千萬不要侷限使用方式，才能讓空間用途更多元！

自家風格的展現，成為家人返家時放鬆心情的空間。

利用日式土間或緣廊，為家增添生活情調

過去的日式建築，會在房子設置土間或緣廊，做為連接屋內與屋外的緩衝領域，充分活用這些空間。

「土間」從現在的生活型態來看，或許有點難想像，不知道該如何利用。這是因為土間不是具有特定功能的空間，而是多用途的空間。

其實，即使是現代住宅，土間或緣廊仍具有多樣化的使用方式。例如，與廚房相連時，可做為準備食材的地方；與餐廳相連時，則可利用內部露臺做為閱讀、喝咖啡的場所。這樣的精神也可以靈活運用於其他空間，增添生活情趣。

和室「怎麼用都便利」，所以更要明確使用目的

和室的活用方式

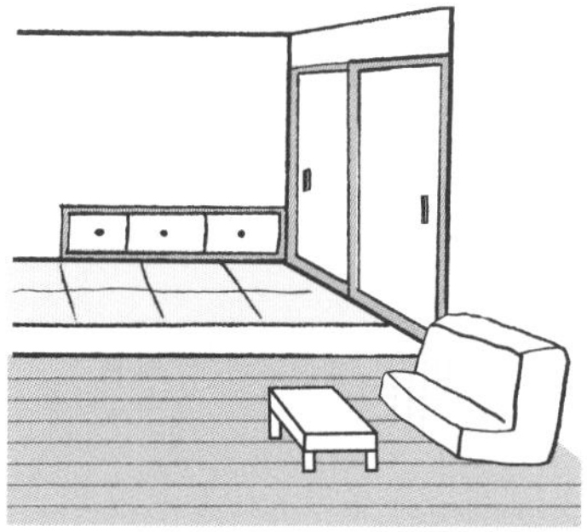

★設置於客廳旁

和室與客廳的地面高度差異不同，所感受的氛圍也大不相同。架高地面的和室感覺上比較正式；未架高地面的和室，則像是客廳空間的延伸。

萬用的和室

★設置榻榻米區

在客廳角落設置無地面高低差的榻榻米區。可靈活運用榻榻米區，無論是橫躺、閱讀、休憩都很合適。

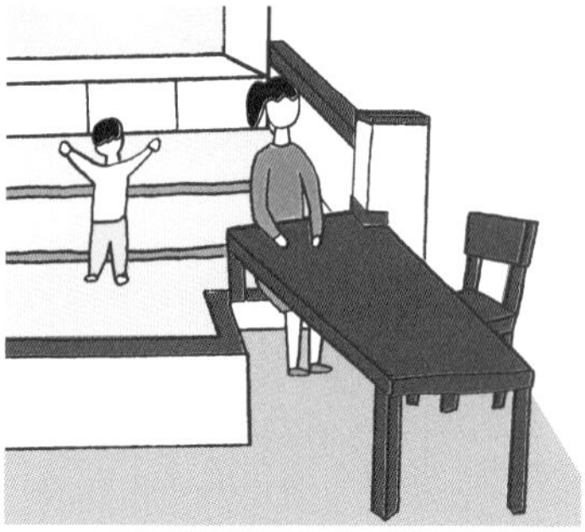

★與餐廳相連

如圖所示，餐桌巧妙結合榻榻米區，既可坐在椅子上，也可選擇坐在榻榻米上用餐。享受一個用餐區有兩種不同座椅的趣味。

思考和室的定位之前，確定主要空間的關聯性

每次與委託人討論，問到對住宅的期望或房間數量時，委託人一開始都會先提出客廳、餐廳等需求，談到最後才會說出：「希望家裡有一間和室。」

如果進一步詢問：「要怎麼使用和室呢？」幾乎多數人都會回答：「家裡有什麼活動的時候啊！和室可以視狀況使用，所以很方便。」

他們所說的「活動」，其實是指客人或親戚來家裡過夜，或是現在的主臥室在二樓，但將來年紀大了，也可能會將和室當作臥室使用。

和室的確是既方便又能靈活運用的空間，但如果不事先釐清和室與客

和室拉門的設置，其實大有學問

紙拉門設置方式

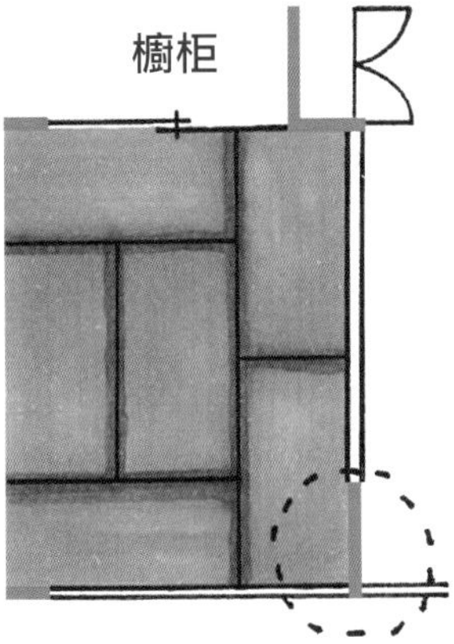

保留部分牆壁

仍保留部分牆壁。雖然與客廳空間的連貫感稍受影響，但是比較容易擺放家具。

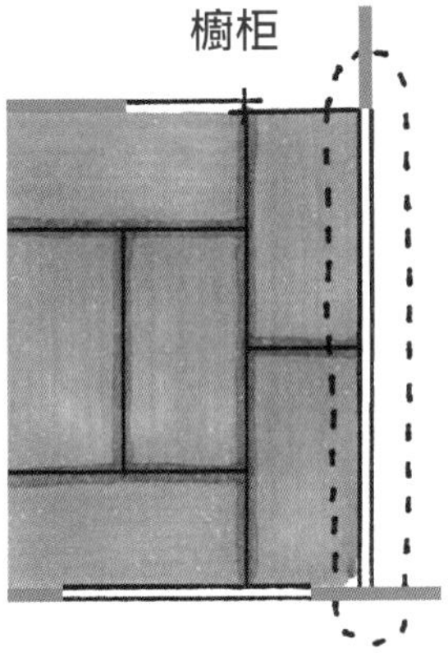

拆除整面牆壁

整個打開紙拉門後，與客廳形成寬敞的整體空間。困難點在於無法擺放家具。

紙拉門的位置

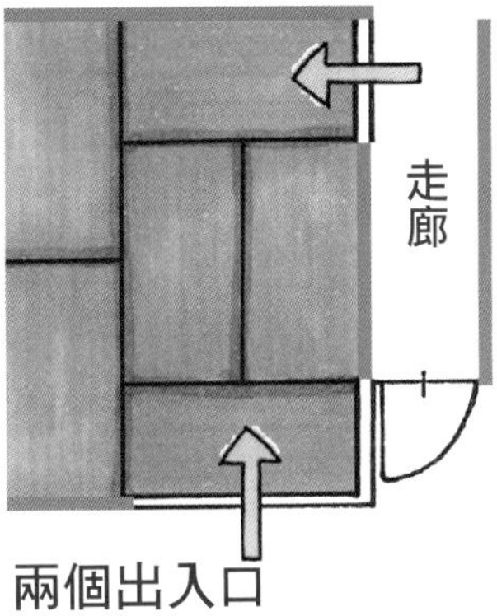

兩個出入口

可由走廊及客廳進出和室。尤其是突然有客人來家中拜訪，但是不想讓客人看見雜亂的客廳時，這類型的和室就能派上用場。

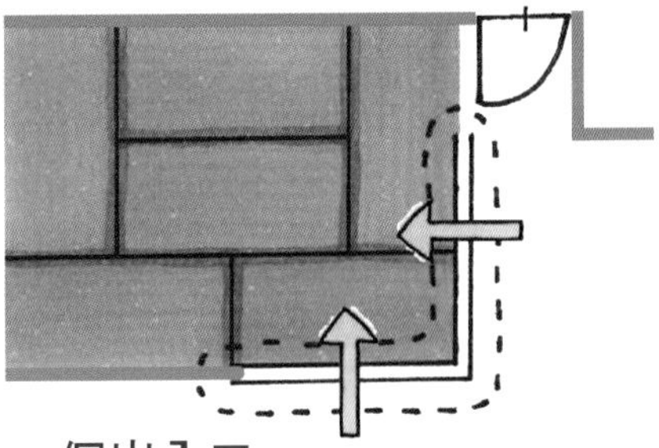

一個出入口

只能從客廳進出和室。與其當作房間使用，拿來做為客廳空間的延伸也是不錯的利用方式。

廳或餐廳的關聯性，恐怕不久後就會淪為全家人的儲藏室了。近年來，日本住宅格局的特徵是將和室視為客廳的延伸線，將和室當作房間的案例已經越來越少，大多數人會以紙門隔開客廳與和室，再視實際情況使用和室空間。

此外，若空間不足無法設置合適，也可以在客廳角落設置一・五坪或兩坪左右的「榻榻米區」。這個角落可以當作午睡的空間，或是暫放待疊衣物的家事空間，是十分便利好用的角落區。

除此之外，連接餐廳的和室也能做為用餐空間。把和室地板當成座位，可以感受坐在榻榻米上用餐那種舒適安穩的感覺。

這些和室的使用方式，是因為我們無法滿足於只坐西式椅子的生活型態，融合和室的優點與沉穩感所做的設計。畢竟日本人唯有身在和室之中，才能深切感受到文化的底蘊吧！

向日式建築學細膩 ● **光線的運用**

配合四季變化活用光線，創造淡雅的日系風格

日式建築才有的採光技巧

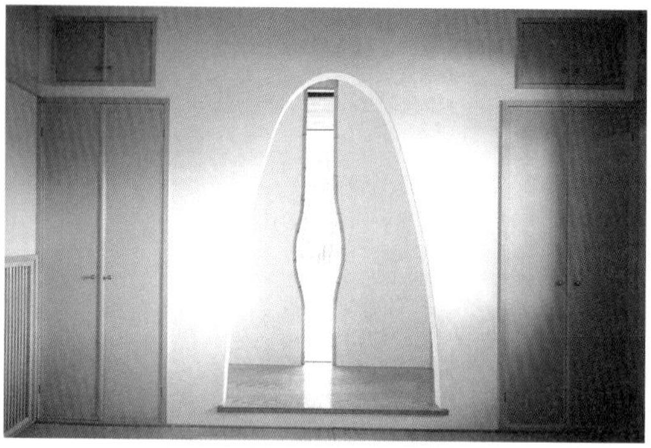

★和室壁龕

靈活運用視覺穿透技巧，讓戶外景色猶如裝飾在「和室壁龕」的一幅畫。

★走廊

由南側進入室內的光線加上扶手所形成的光影，讓走廊成為欣賞光影律動的舞台。

向傳統日式建築學習獨有的採光法

日本建築的特徵之一是將建築物融入自然風景之中，而設計的重點就在於如何將大自然的微妙變化，引進室內。

或許是因為過去的日本人深知光線之美，所以才能達到如此獨特的境界吧！不過在周邊環境及生活型態已產生變化的情況下，要將從前的住宅文化直接套入現在的生活之中，一定會有窒礙難行的地方。

雖然無法直接套用於現今的生活，但是我們仍舊可以活用先人的生活智慧。比方說，使用鑲有玻璃的拉門調節光線與熱度，藉此做為改善夏季西曬、冬季結露的因應對策；或是

✱餐廳
以4個小窗取代大窗，更能夠感受光影變化。

✱樓梯
從高窗灑落的光線，投射在樓梯的弧形壁面上，擴散的光影柔和環繞整個空間。

✱樓梯
由天花板上方的小天窗照進室內的光線，讓空間呈現寬闊的視覺效果。

✱和室
室外窄廊的光線，從低處的紙格子窗反射入室內，透出微微的光線。

隨著季節變化，將部分紙窗向上拉開觀賞外面的景色，不需要的時候就可以收納於牆壁之中。

雖然紙拉門框架散發出較強烈的和風印象，但是改變設計後，不管任何房間皆可使用拉門。

我所設計的住宅也曾活用鑲有玻璃的紙拉門，藉由一小片玻璃，將屋外風景引入室內。也曾於擺放裝飾品用的壁龕牆壁上鑲嵌玻璃，從北側安定的光線中所看到的庭園景色，猶如一幅掛畫般描繪著四季的景色變化。

如果土地條件不佳，周圍的光線難以進入室內的房間時，也可以使用「鑲格窗」或「低窗」，改善採光或通風狀況。

並不是所有的房間都要求明亮，房間所需的明亮程度會依用途而有所不同。靈活運用拉門、鑲格窗或低窗，不僅能夠透過門窗感受到季節的更迭變化，除了採光，也能享受光線的豐富表情喔！

每一戶住宅，都是一齣動人的連續劇

至今我承接過大約兩百間的個人住宅設計案，每個案件都有它動人的故事。託這些經驗的福，我親身體認到建造住宅這件事，完全不同於購買商品或其他物品，因為這兩百戶住宅，就是兩百齣連續劇。其中，我特別有印象的是：

●規劃過最狹窄的土地面積是九坪，最寬敞的是一千坪
●開始施工後一次都沒來過施工現場、也沒聯絡過的委託人
●在同一塊土地第二次建造新居的委託人
●年紀最大的委託人是一位七十五歲的女士
●以結婚為條件委託設計，等到完工時已經登記結婚的一對戀人
●女兒委託建造新居做為雙親的金婚禮物
●七十歲的老父親委託我為身障的雙胞胎兒子建造一間「終老處所」。
●入住三年後舉行完工派對，對我不斷述說住起來很舒適的一家人。
●入住經過一年後，因為舒適的居家環境再三道謝的委託人。
●初次見面後，只過了一週就委託設計的委託人。

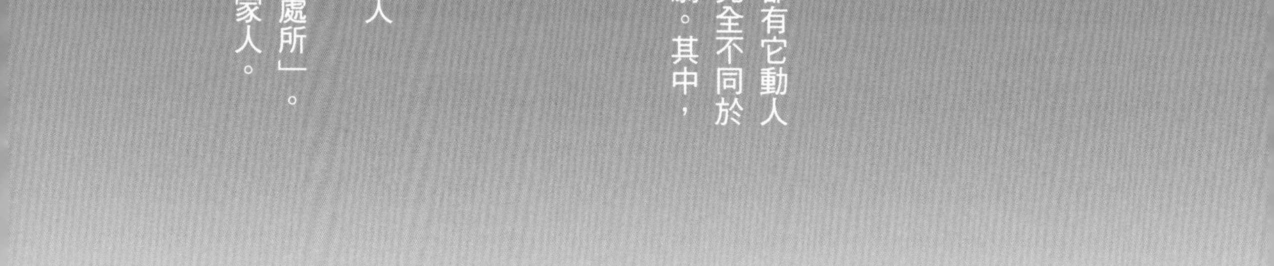

在與委託人們溝通討論的過程中，我發現自己不僅提升技術了，思考方向也逐漸聚焦，也漸漸不再迷惘，有許多想法在心中萌芽。雖然設計或細節也很重要，但更重要是如何設計出對委託人而言最舒適的居家空間，這是設計住宅的重點，規劃時必須納入這個層面的思考與理解。

個人住宅的設計，是設計者與居住者相互理解下才能完成的工作。想要完全理解是不可能的事，但是假使能夠發現一些心靈相通之處，感受到彼此間對於居住方式的想法，那麼住宅對於你與你的家人而言，將會是人生當中最理想的生活空間！

佐川旭

生活樹系列007

最理想的住宅格局教科書

最高の住まいをつくる「間取り」の教科書

原　　著　佐川旭
譯　　者　駱香雅
總 編 輯　吳翠萍
主　　編　陳鳳如
責任編輯　王琦柔
封面設計　張天薪
內文排版　菩薩蠻數位文化有限公司

出版發行　采實出版集團
總 經 理　鄭明禮
業務經理　張純鐘
主辦會計　馬美峯
業務行銷　賴思蘋
法律顧問　第一國際法律事務所 余淑杏律師
電子信箱　acme@acmebook.com.tw
采實官網　http://www.acmestore.com.tw
采實粉絲團　http://www.facebook.com/acmebook

ISBN　978-986-5683-05-4
定　　價　370元
初版一刷　2014年5月15日
劃撥帳號　50148859
劃撥戶名　采實文化事業有限公司
100台北市中正區南昌路二段81號8樓
電話：（02）2397-7908
傳真：（02）2397-7997

國家圖書館出版品預行編目資料

最理想的住宅格局教科書／佐川旭作；駱香雅譯.
--初版.--臺北市：采實文化, 2014.05
面；　公分. --（生活樹系列；7）
譯自：最高の住まいをつくる「間取り」の教科書
ISBN 978-986-5683-05-4（平裝）
1.房屋建築　2.空間設計　3.室內設計
441.5　103007196

廣　告　回　信	
台北郵局登記證	
台北廣字第03720號	
免　貼　郵　票	

采實文化 ACME PUBLISHING

采實文化事業有限公司

100台北市中正區南昌路二段81號8樓

采實文化讀者服務部　收

讀者服務專線：(02) 2397-7908

日本首席建築師 佐川旭◎著 駱香雅◎譯

最高の住まいをつくる「間取り」の教科書

最理想の住宅格局教科書

系列專用回函

系列：生活樹系列007
書名：最理想的住宅格局教科書

讀者資料（本資料只供出版社內部建檔及寄送必要書訊使用）：

1. 姓名：
2. 性別：☐男　☐女
3. 出生年月日：民國　　年　　月　　日（年齡：　　歲）
4. 教育程度：☐大學以上　☐大學　☐專科　☐高中（職）　☐國中　☐國小以下（含國小）
5. 聯絡地址：
6. 聯絡電話：
7. 電子郵件信箱：
8. 是否願意收到出版物相關資料：☐願意　☐不願意

購書資訊：

1. 您在哪裡購買本書？☐金石堂（含金石堂網路書店）　☐誠品　☐何嘉仁　☐博客來
☐墊腳石　☐其他：____________________（請寫書店名稱）
2. 購買本書日期是？______年______月______日
3. 您從哪裡得到這本書的相關訊息？☐報紙廣告　☐雜誌　☐電視　☐廣播　☐親朋好友告知
☐逛書店看到　☐別人送的　☐網路上看到
4. 什麼原因讓你購買本書？☐對主題感興趣　☐被書名吸引才買的　☐封面吸引人
☐內容好，想買回去試看看　☐其他：________________________________（請寫原因）
5. 看過書以後，您覺得本書的內容：☐很好　☐普通　☐差強人意　☐應再加強　☐不夠充實
6. 對這本書的整體包裝設計，您覺得：☐都很好　☐封面吸引人，但內頁編排有待加強
☐封面不夠吸引人，內頁編排很棒　☐封面和內頁編排都有待加強　☐封面和內頁編排都很差

寫下您對本書及出版社的建議：

1. 您最喜歡本書的特點：☐插圖可愛　☐實用簡單　☐包裝設計　☐內容充實
2. 您最喜歡本書中的哪一個章節？原因是？

____

____

3. 本書帶給您什麼不同的觀念和幫助？

____

____

4. 您希望我們出版哪種建築、室內裝潢相關書籍？

____

____